Berndt Jung
Stefan Schweißer
Johann Wappis

8D – Systematisch Probleme lösen

4. Auflage

HANSER

Bibliografische Information der Deutschen Nationalbibliothek

Die Deutsche Nationalbibliothek verzeichnet diese Publikation in der Deutschen Nationalbibliografie; detaillierte bibliografische Daten sind im Internet über http://dnb.d-nb.de abrufbar.

http://www.hanser-fachbuch.de

Lektorat: Lisa Hoffmann-Bäuml

Herstellung: Carolin Benedix

Satz: mediaTEXT Jena GmbH, Jena

Umschlaggestaltung: Parzhuber & Partner GmbH, München

Umschlagrealisation: Max Kostopoulos

Druck und Bindung: Kösel, Krugzell

Printed in Germany

ISBN 978-3-446-46340-0

E-Book ISBN 978-3-446-46439-1

Inhaltsverzeichnis

1 Einleitung

„Wenn wir Probleme haben, dann lösen wir sie einfach! Dafür brauchen wir keinen Formalismus.“ Das ist ein scheinbar klarer und hemdsärmeliger Ansatz. Die Anwendung eines systematischen Vorgehens zur Problemlösung wird in den Unternehmen häufig als nicht notwendig erachtet.

Untersucht man Problemlösungsbeispiele aus den Unternehmen genauer, dann zeigt sich relativ rasch Verbesserungspotenzial im Problemlösungsprozess. Problemlösungen werden verschleppt bzw. geraten nach der Einführung von Sofortmaßnahmen ins Stocken. Am Auftreten von Wiederholfehlern werden die Schwächen des Problemlösungsprozesses dann auch offensichtlich: Es gelingt nicht, aus Problemen zu lernen.

Das vorliegende Buch soll Mitarbeiterinnen und Mitarbeitern aus Unternehmen als Leitfaden bei der Lösung von Problemen dienen. Die Basis dafür bildet das Problemlösungsverfahren nach 8D.

1.1 Aufbau des Buches

Kapitel 1 führt in das Thema ein und gibt einen kurzen Überblick über die Problemlösung nach 8D. Die typischen Anwendungsgebiete und die Merkmale eines strukturierten Problemlösungsprozesses werden dargestellt. Die historische Entwicklung von Problemlösungsmethoden wird beleuchtet und wichtige Begriffe werden definiert. Abschließend wird kurz auf die Problemlösung nach 7STEP, einem 8D sehr ähnlichen Vorgehensmodell, eingegangen.

Kapitel 2 beschäftigt sich mit dem Vorgehen bei der Problemlösung nach 8D. Anhand einer 8D-Roadmap und eines 8D-Problemlösungsblattes wird 8D zunächst im Überblick dargestellt. Anschließend werden die acht Schritte im Detail erläutert. In jedem Schritt wird auf die Hauptaufgaben, die eingesetzten Werkzeuge und die Ergebnisse eingegangen. Danach wird das Zusammenspiel der acht Schritte im zeitlichen Verlauf dargestellt. Vier kommentierte Beispiele zeigen schließlich die Umsetzung in der betrieblichen Praxis und runden diesen Abschnitt ab.

Kapitel 3 widmet sich zahlreichen Werkzeugen, die im Problemlösungsprozess eingesetzt werden (z. B. Fehlersammelkarte, Ursache-Wirkungs-Diagramm). Sie werden – alphabetisch gereiht – dargestellt und anhand zahlreicher Tipps und Beispiele praxisnah erläutert.

Kapitel 4 geht schlussendlich auf die organisatorische Verankerung der systematischen Problemlösung ein. Damit 8D im Unternehmen nachhaltig und erfolgreich angewendet werden kann, müssen die notwendigen Rahmenbedingungen geschaffen werden. Wesentliche Aufgaben dazu werden dargestellt. Dabei wird auch auf das wichtige Zusammenspiel zwischen den Problemlösungsverfahren und FMEA sowie Six Sigma eingegangen.

Zur Unterstützung bei der Umsetzung der Problemlösungsverfahren in der Praxis wurden Tipps, Beispiele und Verweise auf Werkzeuge in diesem Buch speziell hervorgehoben:

Dieses Symbol markiert **Anwendungstipps.** Hier erfahren Sie, wie Sie bei der Umsetzung am besten vorgehen.

Hier geben wir Ihnen **Praxisbeispiele,** die zeigen, wie die Thematik in Unternehmen häufig umgesetzt wird.

Wo Sie dieses Symbol sehen, finden Sie Verweise auf hilfreiche **Werkzeuge.**

Um Ihnen die Problemlösungsarbeit etwas zu erleichtern, haben wir einige hilfreiche Formulare und Dateien zusammengestellt. Diese stehen als Download unter folgender Adresse zur Verfügung:

www.j-p-management.com/download/problemloesung/
Benutzername: problem
Kennwort: Loesung

Trotz aller Sorgfalt sind wir uns sicher, dass es noch verbesserungswürdige Stellen im Buch gibt. Kommentare, Verbesserungsvorschläge oder Fragen zu diesem Buch schreiben Sie bitte an j.wappis@six-sigma-austria.at. Für wertvolle Hinweise dürfen wir uns schon jetzt bei unseren Leserinnen und Lesern bedanken.

1.2 Probleme lösen und kontinuierlich verbessern

In Unternehmen kommen in der Regel parallel verschiedene Formen der Problemlösungs- und Verbesserungsarbeit zur Anwendung. Die Basis für alle Vorgehensmodelle ist die gleiche, nämlich der PDCA-Zyklus nach W. E. Deming (siehe Bild 1).

Der PDCA-Zyklus steht für eine immer wiederkehrende Abfolge der Phasen Plan (Planen), Do (Durchführen), Check (Beurteilen) und Act (Umsetzen). Er ist ein bewährter systematischer Standard zur Beseitigung aufgetretener Fehler sowie zur Umsetzung identifizierter Verbesserungspotenziale.

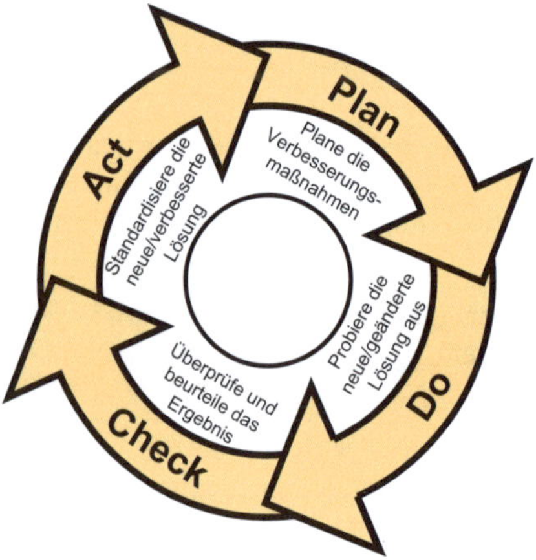

Bild 1: PDCA-Zyklus

Problemlösung nach 8D

Zur systematischen und nachhaltigen Lösung von Problemen werden in den Unternehmen unterschiedliche Modelle eingesetzt. Mittlerweile hat sich der Problemlösungsprozess nach 8D in der Industrie als Standard etabliert. Kunden fordern heute von ihren Lieferanten bei der Problemlösung in der Regel das Vorgehen nach 8D. Auch der VDA (Verband der Automobilindustrie e. V.) widmet sich in mehreren Bänden der 8D-Methode.

„8D" (acht Disziplinen) steht für die acht Schritte in diesem Vorgehensmodell. Die acht Schritte stellen einen Leitfaden dar, der strukturiert durch die Problemlösung führt. Man beginnt mit einer klaren und vollständigen Beschreibung und Eingrenzung des Problems. Danach werden Sofortmaßnahmen eingeleitet, die dafür sorgen, dass der Kunde mit dem Problem nicht mehr konfrontiert ist. Nach einer Ursachenanalyse werden Maßnahmen zur Korrektur des Problems entwickelt. Diese müssen auf ihre Wirksamkeit geprüft und anschließend im Unternehmen verankert werden. Nach Abschluss der Problemlösung sind die gewonnenen Erkenntnisse sowohl für andere bestehende als auch für zukünftige Produkte bzw. Prozesse verfügbar zu machen.

Anwendungsbereiche für 8D

8D kommt bei Problemen zur Anwendung, die neben der nachhaltigen Problembeseitigung auch Sofortmaßnahmen erfordern. Dies ist dann der Fall, wenn rasches Handeln notwendig wird und der Kunde nicht weiter mit dem Problem konfrontiert sein soll. Dies erfolgt bei 8D im spezifischen Schritt „Sofortmaßnahmen treffen". Erst danach erfolgen die Ursachenanalyse und die Durchführung weiterer Maßnahmen, um das Problem nachhaltig zu beseitigen.

Am häufigsten wird 8D zur Abarbeitung von Kundenreklamationen eingesetzt. 8D ist aber auch für andere unerwünschte Situationen, die Sofortmaßnahmen erfordern, sehr gut einsetzbar. Beispiele dafür sind auftretende Probleme im Rahmen der Produkterprobung, ungeplante Anlagenstillstände in der Produktion oder Arbeitsunfälle. Auch in diesen Fällen geht es darum, Probleme rasch und nachhaltig zu beseitigen und das Auftreten ähnlicher Probleme zu vermeiden.

Merkmale von 8D

In der Praxis wird 8D in manchen Fällen auf ein Formular reduziert, das im Falle einer Reklamation auszufüllen und an den Kunden zu übermitteln ist. Dabei wird übersehen, dass es sich um ein sehr schlagkräftiges Modell zur nachhaltigen Beseitigung von Problemen und damit verbunden zur Steigerung der Wettbewerbsfähigkeit des Unternehmens sowie zur Erhöhung der Kundenzufriedenheit handelt.

Wesentliche Merkmale von 8D sind:

- Bei der Problemlösung wird systematisch vorgegangen. Ein *roter Faden* führt durch die notwendigen Schritte zur Lösung des Problems.
- In den einzelnen Schritten werden schlagkräftige Werkzeuge zur Problemlösung eingesetzt.
- Informationen und Daten werden in klarer und strukturierter Form aufbereitet.
- Das Wissen der Fachleute wird durch den Einsatz der Modelle und Werkzeuge auf die Problemlösung fokussiert.
- Die gesamte Problemlösung findet in koordinierter Form statt. Maßnahmen werden konsequent verfolgt.
- Probleme werden nachhaltig beseitigt. Aus jedem Problem wird für andere und auch zukünftige Produkte bzw. Prozesse gelernt.

Langfristig sollte sich auf Basis von 8D eine Kultur der systematischen und nachhaltigen Problemlösung im Unternehmen entwickeln. Es muss für Mitarbeiterinnen und Mitarbeiter zur Selbstverständlichkeit werden, beim Auftreten eines jeglichen Problems dafür zu sorgen, dass dieses nachhaltig beseitigt wird.

Historischer Abriss zur systematischen Problemlösung

Erste bekannte Anwendungen einer systematischen Methode zur Problemlösung stammen bereits aus dem Zweiten Weltkrieg. Die US-amerikanische Regierung verwendete während dieser Zeit ein vergleichbares Vorgehen für nicht konformes Kriegsmaterial. Die Vorgaben dazu wurden später im MIL-STD-1520 *Corrective Action and Disposition System for Nonconforming Material* festgelegt.

1987 dokumentierte Ford die 8D-Methode im Handbuch *Teamorientierte Problemlösung*. Seit den 1990er-Jahren findet 8D breite Anwendung in der Automobilindustrie zur Abwicklung von Kundenreklamationen. Die Anwendung von 8D wird den Lieferanten vorgeschrieben.

Korrektur- und Vorbeugungsmaßnahmen

Im Problemlösungsprozess sind zwei Begriffe von zentraler Bedeutung: Korrekturmaßnahme und Vorbeugungsmaßnahme.

Korrekturmaßnahme

Eine Korrekturmaßnahme ist eine Maßnahme zur Beseitigung der Ursache eines erkannten Fehlers oder einer anderen erkannten und unerwünschten Situation. Die Korrekturmaßnahmen enthalten auch Maßnahmen, die das erneute Auftreten eines Fehlers verhindern. In diesem Sinne sind Korrekturmaßnahmen nur dann als vollständig zu erachten, wenn die Kernursachen des Problems identifiziert und nachhaltig beseitigt sind.

In den Unternehmen werden die Korrekturmaßnahmen manchmal auch als *Dauermaßnahmen* bzw. *Abstellmaßnahmen* bezeichnet.

Praxisbeispiel: Identifikation der Kernursache
Der Kunde hat reklamiert, dass bei der letzten Lieferung an den Bauteilen ein Maß außerhalb der Spezifikationen lag. Bei der Ursachenanalyse wurde festgestellt, dass an einer Vorrichtung ein Anschlagbolzen verschlissen war. Dadurch wurden die Bauteile während der Bearbeitung nicht richtig in der Vorrichtung fixiert und der reklamierte Fehler konnte auftreten. Als Korrekturmaßnahme wurde der Anschlagbolzen von der Instandhaltung erneuert. Diese Korrekturmaßnahme ist allerdings noch nicht vollständig, da der Anschlagbolzen wieder verschleißen und der Fehler wieder auftreten kann. Um die nachhaltige Beseitigung sicherzustellen, ist auch noch das Vorgehen zur regelmäßigen Wartung bzw. Überprüfung der Vorrichtung zu überarbeiten.

Vorbeugungsmaßnahme

Eine Vorbeugungsmaßnahme ist eine Maßnahme zur Beseitigung der Ursache eines möglichen Fehlers oder einer anderen möglichen und unerwünschten Situation. Am Ende des Problemlösungsprozesses nach 8D wird im Schritt „Vorbeugungsmaßnahmen treffen" das erworbene Wissen für andere bereits bestehende und auch für zukünftige Produkte bzw. Prozesse verfügbar gemacht.

Eine Vorbeugungsmaßnahme wird ergriffen, um das Auftreten eines möglichen Fehlers von vornherein zu vermeiden, während eine Korrekturmaßnahme verwendet wird, um das erneute Auftreten eines Fehlers zu verhindern.

Problemlösung nach 7STEP

Anstelle von 8D wird in manchen Unternehmen „7STEP" als Vorgehensmodell zur Problemlösung eingesetzt. Bild 2 zeigt anhand einer Gegenüberstellung von 8D und 7STEP, dass die

Unterschiede nur gering sind. Die Schritte bis zur Analyse der Ursachen sind weitestgehend identisch. Auch wenn bei 7STEP die Bildung des Teams und der Abschluss des Problemlösungsprozesses keine eigenen Schritte darstellen, wird der Problemlösungsprozess natürlich entsprechend gestartet und abgeschlossen. Das Vorgehen zur Entwicklung, Überprüfung und organisatorischen Verankerung der Korrekturmaßnahmen ist in den beiden Vorgehensmodellen zwar unterschiedlich dargestellt, unterscheidet sich inhaltlich jedoch kaum. Bei Schritt 7 besteht wieder Übereinstimmung.

8D	7STEP
1. Team bilden	
2. Problem beschreiben	1. Problem beschreiben
3. Sofortmaßnahmen treffen	2. Sofortmaßnahmen treffen
4. Ursachen analysieren	3. Ursachen analysieren
5. Korrekturmaßnahmen festlegen (inkl. Wirksamkeitsprüfung) 6. Korrekturmaßnahmen organisatorisch verankern	4. Korrekturmaßnahmen treffen 5. Wirksamkeit prüfen 6. Wirksamkeit absichern
7. Vorbeugungsmaßnahmen treffen	7. Vorbeugungsmaßnahmen treffen
8. Problemlösungsprozess abschließen	

Bild 2: Gegenüberstellung 8D und 7STEP

In der Praxis sind häufig Kundenforderungen dafür bestimmend, ob 8D oder 7STEP zur Anwendung kommt.

Im deutschsprachigen Raum ist heute 8D als Vorgehensmodell zur Problemlösung am weitesten verbreitet. Daher widmet sich dieses Buch diesem Vorgehensmodell und den dabei eingesetzten Methoden und Werkzeugen. Die dargestellten Inhalte sind sinngemäß auch auf 7STEP bzw. andere Problemlösungsmodelle übertragbar.

2 Problemlösung nach 8D

2.1 8D im Überblick

Anhand des Vorgehens bei der Abwicklung von Kundenreklamationen wird nun die Problemlösung nach 8D erläutert. „8D“ (acht Disziplinen) steht dabei für die acht Schritte in diesem Vorgehensmodell.

Um die Problemlösungsarbeit zu unterstützen, empfiehlt sich die Einführung einer 8D-Roadmap (siehe Bild 3) als Leitfaden zur Problemlösung. Sie stellt die Struktur des Problemlösungsprozesses klar und übersichtlich dar. Zugeordnet zu den acht Schritten zeigt sie die Hauptaufgaben, häufig verwendete Werkzeuge und die erforderlichen Ergebnisse. Die Roadmap gibt dem Team Orientierung bei der Problemlösung. Durch die Standardisierung der Vorgehensweise soll sie das nachhaltige Lösen von Problemen zu einer Routineaufgabe im Unternehmen werden lassen.

Existiert in den Unternehmen kein solches Vorgehensmodell, dann wird bei der Problemlösung in der Regel unstrukturiert oder unvollständig vorgegangen. Beim Auftreten von Problemen werden die Mitarbeiter dazu verleitet, sofort Änderungen am Prozess auszuprobieren. Mit Eifer testen sie Einstellungen an Maschinen, von denen sie sich Verbesserungen erwarten. Diese werden in der Regel nicht eintreten und die Problemlösung wird verschleppt. Auch wenn es mit dieser Probiermethode gelingen sollte, das Problem zu beseitigen, wird man kaum an Vorbeugungsmaßnahmen denken. Das heißt, das Problem wird unter Umständen an einer anderen Stelle wieder auftreten. Nachstehendes Praxisbeispiel „Maschinenstörung an einer Presse“ illustriert diese Feststellung.

Maschinenstörung an einer Presse

An einer Presse werden mithilfe eines Beladesystems Blechteile eingelegt. Beim Schließen der Presse wird das Teil über Stifte exakt positioniert und anschließend in die Form gepresst. Im Schichtbuch zu dieser Presse steht folgender Eintrag: „Blechteil von Greifer nicht richtig eingelegt → Stempel gebrochen → Stempel repariert → 25 Minuten Maschinenstillstand“.

Es ist offensichtlich, dass zwar die Maschinenstörung behoben, das Problem aber nicht nachhaltig beseitigt wurde. In diesem Fall werden vermutlich auch Verbesserungen am Beladesystem notwendig sein. Die Philosophie von 8D verlangt, dass man den Ursachen auf den Grund geht, nachhaltige Korrekturmaßnahmen einführt und darüber hinaus auch sicherstellt, dass dieses Problem nicht an anderer Stelle wieder auftreten kann.

8D-Problemlösungsblatt

Sobald an der Problemlösung ein Team beteiligt ist, wird man die im Zuge der Teambesprechungen festgelegten Maßnahmen und die getroffenen Entscheidungen in einem Protokoll festhalten. Dazu ist ein strukturiertes 8D-Problemlösungsblatt oder eine 8D-Datenbank geeignet. Beide orientieren sich an der 8D-Systematik und enthalten vor allem den einzelnen Schritten zugeordnet Maßnahmen, Zuständigkeiten, Zieltermine und Erledigungstermine. Verweise auf weitere Unterlagen, wie z. B. Berichte zu Sortierprüfungen oder Versuchsberichte, verknüpfen die vereinbarten Maßnahmen mit den konkreten Ergebnissen. Bild 4 zeigt beispielhaft den Aufbau eines solchen 8D-Problemlösungsblattes. Die Inhalte sind bewusst auf diese Elemente reduziert. Unternehmensspezifische Adaptierungen können zweckmäßig sein.

Schritt	Hauptaufgaben
Schritt 1: Team bilden	– Problemlösungsteam (inkl. Teamleiter) festlegen
Schritt 2: Problem beschreiben	– Problem erfassen, vollständig beschreiben und abgrenzen
Schritt 3: Sofortmaßnahmen treffen	– fehlerhafte Teile aus dem gesamten Umlauf entfernen – Maßnahmen treffen, die die Lieferfähigkeit sicherstellen
Schritt 4: Ursachen analysieren	– mögliche Problemursachen ermitteln – Ursache-Wirkungs-Zusammenhänge ermitteln und darstellen
Schritt 5: Korrekturmaß-nahmen festlegen (inkl. Wirksamkeitsprüfung)	– mögliche Korrekturmaßnahmen entwickeln, bewerten und auswählen – ausgewählte Korrekturmaßnahmen erproben und Wirksamkeit nachweisen
Schritt 6: Korrekturmaßnahmen organisatorisch verankern	– Korrekturmaßnahmen organisatorisch verankern – Sofortmaßnahmen aufheben
Schritt 7: Vorbeugungs-maßnahmen treffen	– gewonnene Erkenntnisse für andere bestehende Produkte/Prozesse verfügbar machen – gewonnene Erkenntnisse für zukünftige Produkte/Prozesse verfügbar machen
Schritt 8: Problemlösungs-prozess abschließen	– erfolgreiche Umsetzung der vereinbarten Maßnahmen überprüfen und Problemlösungs-prozess abschließen

Bild 3: 8D-Roadmap
Hinweis: Diese Roadmap steht auch als Download zur Verfügung (siehe Seite 7)

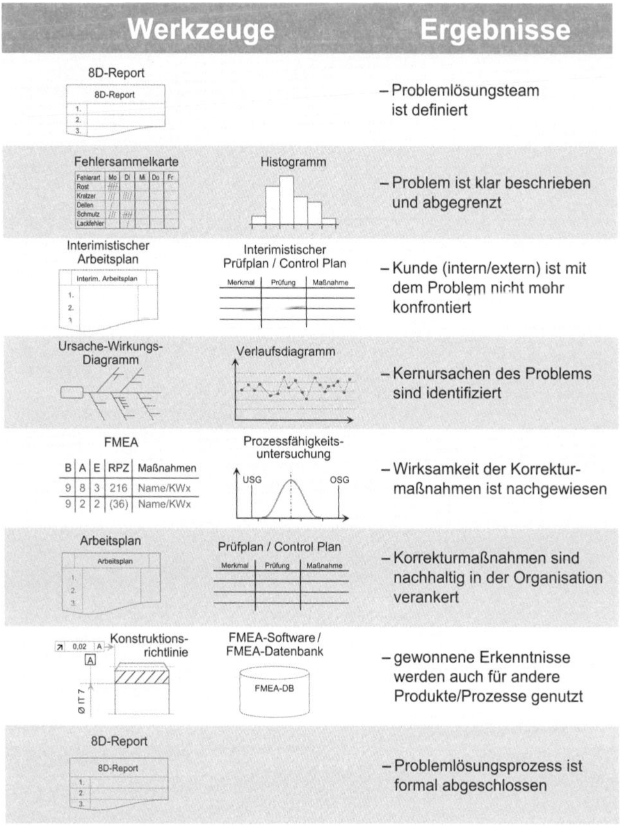

Bild 3 (Fortsetzung)

<table>
<tr><th colspan="4">Problemlösungsblatt nach 8D</th></tr>
<tr><td colspan="3">Problem / Reklamation</td><td>Problem Nr.:
Projekt:</td></tr>
<tr><td>Problembehandlung eingeleitet durch am</td><td colspan="3">Teamleiter für die Problembehandlung erledigt am</td></tr>
<tr><th colspan="4">Schritt 1: Team bilden</th></tr>
<tr><td>Problemlösungsteam</td><td colspan="3">Verteiler für Berichte</td></tr>
<tr><th>Schritt 2: Problem beschreiben</th><th>zuständig / Termin</th><th>Erledigungs-termin</th><th>Ergebnis, Anmerkungen, Verweise</th></tr>
<tr><td></td><td></td><td></td><td></td></tr>
<tr><th>Schritt 3: Sofortmaßnahmen treffen</th><th>zuständig / Termin</th><th>Erledigungs-termin</th><th>Ergebnis, Anmerkungen, Verweise</th></tr>
<tr><td></td><td></td><td></td><td></td></tr>
<tr><th>Schritt 4: Ursachen analysieren</th><th>zuständig / Termin</th><th>Erledigungs-termin</th><th>Ergebnis, Anmerkungen, Verweise</th></tr>
<tr><td></td><td></td><td></td><td></td></tr>
<tr><th>Schritt 5: Korrekturmaßnahmen festlegen (inkl. Wirksamkeitsprüfung)</th><th>zuständig / Termin</th><th>Erledigungs-termin</th><th>Ergebnis, Anmerkungen, Verweise</th></tr>
<tr><td></td><td></td><td></td><td></td></tr>
<tr><th>Schritt 6: Korrekturmaßnahmen organisatorisch verankern</th><th>zuständig / Termin</th><th>Erledigungs-termin</th><th>Ergebnis, Anmerkungen, Verweise</th></tr>
<tr><td></td><td></td><td></td><td></td></tr>
<tr><th>Schritt 7: Vorbeugungsmaßnahmen treffen</th><th>zuständig / Termin</th><th>Erledigungs-termin</th><th>Ergebnis, Anmerkungen, Verweise</th></tr>
<tr><td></td><td></td><td></td><td></td></tr>
<tr><th>Schritt 8: Problemlösungsprozess abschließen</th><th>zuständig / Termin</th><th>Erledigungs-termin</th><th>Ergebnis, Anmerkungen, Verweise</th></tr>
<tr><td></td><td></td><td></td><td></td></tr>
</table>

Bild 4: Beispiel 8D-Problemlösungsblatt

2.2 Die acht Schritte im Detail

2.2.1 Schritt 1: Team bilden

Schritt	Hauptaufgaben	Ergebnisse
Schritt 1: Team bilden	▸ Problemlösungsteam (inkl. Teamleiter) festlegen	▸ Problemlösungsteam ist definiert

Ist ein Problem erkannt, wird ein Teamleiter benannt und ein Team zusammengestellt. Der Teamleiter ist für die korrekte Durchführung der acht Schritte verantwortlich. Das Team muss über entsprechende Produkt- bzw. Prozesskenntnisse verfügen, um das Problem lösen zu können.

2.2.2 Schritt 2: Problem beschreiben

Schritt	Hauptaufgaben	Ergebnisse
Schritt 2: Problem beschreiben	▸ Problem erfassen, vollständig beschreiben und abgrenzen	▸ Problem ist klar beschrieben und abgegrenzt

In diesem Schritt finden erstmals intensive Teambesprechungen statt. Die Aufgabe des Teams ist es, das Problem möglichst klar und vollständig zu definieren und abzugrenzen. Die Methode 5W1H kann dabei als unterstützendes Hilfsmittel wertvolle Dienste leisten. Alle relevanten Informationen sind zweckmäßig aufzubereiten. Darüber hinaus geht es aber auch darum, alle Beteiligten auf den gleichen Wissensstand zu bringen.

Vor allem mithilfe von vereinbarten Spezifikationen (z. B. Zeichnungen, Stücklisten) wird man zunächst den Fehler, d. h. die Abweichung von der mit dem Kunden vereinbarten Vorgabe, definieren. Der Unterschied zwischen dem Soll-Zustand und dem Ist-Zustand muss klar beschrieben werden. Zur Erfassung des Fehlers in Form von Zahlen und Fakten dienen z. B. die Fehlersammelkarte, das Histogramm oder das Pareto-Diagramm.

Um die Bedeutung des Problems zu erfassen, sind weiterhin die Auswirkungen des Fehlers beim Kunden zu ermitteln. Wie äußert sich das Problem beim Kunden?

Außerdem ist der vom Fehler betroffene Teileumfang auf Basis von Aufzeichnungen aus der Produktion einzugrenzen. Dazu dienen z. B. Teilebegleitkarten, Prüfpläne und Prüfaufzeichnungen, Lieferpläne und Lieferscheine.

Zentrale Fragestellungen zur Problembeschreibung

- Was ist der Fehler? Wie ist der Soll-Zustand? Wie ist der Ist-Zustand? Was ist der Unterschied zwischen dem Soll- und dem Ist-Zustand?
- Wann ist der Fehler erkannt worden? Ist der Fehler früher schon einmal aufgetreten?
- Was sind die Auswirkungen des Fehlers beim Kunden?
- Welche Teile sind betroffen? Welche Teile sind sicher nicht betroffen? Wie viele Teile sind betroffen?

Werkzeuge in Schritt 2

- 5W1H-Methode (siehe Seite 44)
- Balkendiagramm (siehe Seite 47)
- Fehlersammelkarte (siehe Seite 53)
- Histogramm (siehe Seite 62)
- Pareto-Diagramm (siehe Seite 86)
- Verlaufsdiagramm (siehe Seite 110)

Das Problemlösungsteam muss darauf achten, in diesem Schritt auf der Ebene der Fehler und Auswirkungen zu bleiben. Das Team darf noch nicht versuchen, die Ursachen des Problems zu finden oder sogar schon Lösungen zu planen. Dies erfolgt im Rahmen der nächsten Schritte. Bevor voreilig Versuche oder Prozessumstellungen gemacht werden, sind alle Informationen zum Problem aufzubereiten.

Am Ende von Schritt 2 ist das Problem klar und verständlich beschrieben sowie auch abgegrenzt.

2.2.3 Schritt 3: Sofortmaßnahmen treffen

Schritt	Hauptaufgaben	Ergebnisse
Schritt 3: Sofortmaßnahmen treffen	▸ fehlerhafte Teile aus dem gesamten Umlauf entfernen ▸ Maßnahmen treffen, die die Lieferfähigkeit sicherstellen	▸ Kunde (intern/extern) ist mit dem Problem nicht mehr konfrontiert

Noch vor der (möglicherweise langwierigen) Suche nach den Ursachen für den Fehler muss der Kunde vor den Auswirkungen geschützt werden.

Hauptaufgabe 1: Fehlerhafte Teile aus dem gesamten Umlauf entfernen

Zunächst müssen sämtliche fehlerhaften Teile aus dem Umlauf entfernt werden. Dazu wird man üblicherweise Sortierprüfungen in der gesamten Lieferkette (z. B. Wareneingang, eigene Fertigung, Lager, Transportwege, Kunde) vorsehen. Wurden Teile aus dem betrachteten Los an andere Bereiche (z. B. Ersatzteilversorgung) geliefert, dann sind auch dort Sofortmaßnahmen einzuleiten.

Hauptaufgabe 2: Maßnahmen treffen, die die Lieferfähigkeit sicherstellen

Diese Hauptaufgabe umfasst alle Maßnahmen zur Sicherstellung der Versorgung des Kunden mit spezifikationskonformen Teilen. Zum Beispiel sind häufig neue Teile zu produzieren und mit Sondertransporten an den Kunden zu liefern. In der Praxis bedeutet das häufig, dass mit geänderten Prozessen produziert werden muss. Ebenso werden oft zusätzliche Prüfungen vorgesehen. In der Automobilindustrie wird in solchen Fällen z. B. standardmäßig eine 100 %-Sortierprüfung gefordert. Mit den Sofortmaßnahmen sind in der Regel deutlich höhere Herstellkosten verbunden.

Checkliste für mögliche Sofortmaßnahmen

Fehlerhafte Teile entfernen

- ausgelieferte Produkte sortieren (Bestand beim Kunden, Bestand am Transportweg zum Kunden)
- weitere Auslieferung der betroffenen Produkte verhindern
- bereits gefertigte Produkte im eigenen Unternehmen sortieren

Lieferfähigkeit sicherstellen

- Produkte gegebenenfalls nacharbeiten
- Ersatzlieferung geprüfter Produkte an den Kunden durchführen
- vorübergehende Änderungen am Prozess zur Sicherstellung der Erfüllung der Vorgaben vornehmen
- zusätzliche Prüfungen während der Fertigung durchführen

Zur Aufrechterhaltung der Teileversorgung beim Kunden müssen Sofortmaßnahmen rasch umgesetzt werden. Dazu werden häufig in mehreren Schritten Änderungen am Prozess vorgenommen bzw. oft auch schrittweise zusätzliche Prüfungen eingeplant. Trotz des großen Zeitdrucks müssen die Sofortmaßnahmen sorgfältig geplant und eingeführt werden. Dazu werden interimistische Arbeitspläne sowie interimistische Prüfpläne eingesetzt. Durch eine gute Dokumentation dieser Sofortmaßnahmen ist später nachvollziehbar, wann welche Änderung in den Prozess eingeflossen ist.

Werkzeuge in Schritt 3

- Interimistischer Arbeitsplan (siehe Seite 46)
- Interimistischer Prüfplan/Control Plan (siehe Seite 101)
- Verlaufsdiagramm (siehe Seite 110)

In der Automobilindustrie erfolgt Schritt 3 in der Regel in enger Abstimmung mit dem Kunden. Dieser wird zum Teil in die Festlegung der Sofortmaßnahmen eingebunden. Unter Umständen ist es sogar notwendig, die Prozessänderungen durch den Kunden freigeben zu lassen.

Auch in diesem Schritt konzentriert man sich auf den Fehler, der zum Problem geführt hat. Sowohl beim Sortieren wie auch bei der Ersatzproduktion muss darauf geachtet werden, dass keine fehlerhaften Teile mehr zum Kunden gelangen können. Am Ende von Schritt 3 ist der Kunde mit diesem Fehler nicht mehr konfrontiert.

2.2.4 Schritt 4: Ursachen analysieren

Schritt	Hauptaufgaben	Ergebnisse
Schritt 4: Ursachen analysieren	▸ mögliche Problemursachen ermitteln ▸ Ursache-Wirkungs-Zusammenhänge ermitteln und darstellen	▸ Kernursachen des Problems sind identifiziert

Das Vorgehen in Schritt 4 erfolgt zweistufig. Zuerst muss sich das Team einen Überblick über die möglichen Ursachen des Problems verschaffen. Anschließend sind, ausgehend von unter Umständen vielen möglichen Ursachen, die tatsächlichen Ursachen zu identifizieren und deren Einfluss auf das Problem ist darzustellen.

Hauptaufgabe 1: Mögliche Problemursachen ermitteln

Es gilt, im Team mögliche Ursachen für den Fehler zu identifizieren und geeignet darzustellen. Dies erfolgt in der Regel in einem Brainstorming, z. B. mithilfe des Ursache-Wirkungs-Diagramms oder einer Mindmap. An dieser Stelle kann es zweckmäßig sein, die identifizierten Fehlerursachen zu priorisieren. Ein mögliches Werkzeug dafür ist die Punktebewertung. Dadurch können die weiteren Untersuchungen bei den aus der Sicht des Teams wahrscheinlichsten Ursachen gestartet werden.

Praxisbeispiel: Ursachenanalyse in der mechanischen Fertigung

Für ein Merkmal, das nicht der Spezifikation entsprach, sollten die Ursachen im Herstellprozess identifiziert werden (siehe Bild 5). Zunächst wurden mithilfe des Ursache-Wirkungs-Diagramms (siehe Seite 107) die möglichen Ursachen für das Problem ermittelt. Damit wurde sichergestellt, dass sich das Team nicht zu früh auf nur eine mögliche Ursache konzentriert und weitere wichtige Ursachen außer Acht gelassen werden. Anschließend wurden die aus Sicht des Teams wahrscheinlichsten Ursachen mithilfe der Punktebewertung (siehe Seite 103) identifiziert. Das Team war der Meinung, dass das verschlissene Werkzeug bzw. ungünstig gewählte Schnittparameter am wahrscheinlichsten für den Fehler verantwortlich seien. Diese Ursachen werden anschließend mit der Methode Fünfmal „Warum?“ (siehe Seite 59) weiter analysiert.

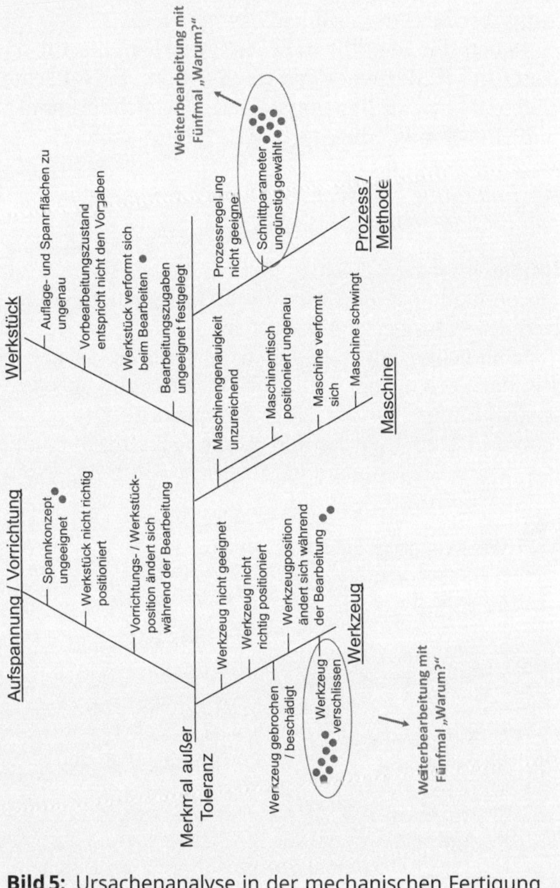

Bild 5: Ursachenanalyse in der mechanischen Fertigung

Die Qualität des Brainstormings steigt, wenn im Vorfeld der betroffene Prozess, z. B. mithilfe eines Prozessablaufdiagramms, visualisiert wird. Der dargestellte Prozessablauf hilft den Überblick zu bewahren und begleitet das Team bis zum Abschluss der Problemlösung.

Neben der Identifikation der Ursachen, die für das Auftreten des Fehlers verantwortlich waren, sind auch die Ursachen dafür zu suchen, dass der Fehler nicht erkannt wurde und zum Kunden durchdringen konnte.

Hauptaufgabe 2: Ursache-Wirkungs-Zusammenhänge ermitteln und darstellen

Nun müssen die tatsächlichen Ursachen identifiziert und die Zusammenhänge zwischen diesen Ursachen und dem aufgetretenen Fehler ermittelt werden.

In manchen Fällen reichen dazu einfache Werkzeuge, wie z. B. das Verlaufsdiagramm, das Histogramm, das Korrelationsdiagramm oder die Fehlersammelkarte. Der Zusammenhang zwischen Ursache und Wirkung lässt sich dann direkt aus diesen Diagrammen herauslesen.

Werkzeuge in Schritt 4

- Balkendiagramm (siehe Seite 47)
- Brainstorming (siehe Seite 49)
- Fehlersammelkarte (siehe Seite 53)
- Fünfmal „Warum?“ (siehe Seite 59)
- Histogramm (siehe Seite 62)
- Komponententausch (siehe Seite 67)
- Korrelationsdiagramm (siehe Seite 73)
- Paarweiser Vergleich zur Ursachenfindung (siehe Seite 83)
- Prozessablaufdiagramm (siehe Seite 93)
- Punktebewertung (siehe Seite 103)
- Statistische Versuchsplanung (siehe Seite 106)

- Ursache-Wirkungs-Diagramm (siehe Seite 107)
- Verlaufsdiagramm (siehe Seite 110)

Bei Produktionsprozessen kann es aber auch notwendig sein, Versuche zur Ermittlung der Ursache-Wirkungs-Zusammenhänge durchzuführen. Möglicherweise gelingt dies mit relativ einfach anzuwendenden Werkzeugen, wie z. B. dem Komponententausch. Sind komplexere Zusammenhänge zu untersuchen (z. B. Schweißprozesse, Prozesse in der chemischen Industrie), dann kommt die statistische Versuchsplanung zum Einsatz. Mit heute verfügbaren Softwareanwendungen sind diese Werkzeuge auch von Praktikern, die mit statistischen Verfahren nicht im Detail vertraut sind, anwendbar.

Identifizieren Sie die Kernursachen

Bei der Ursachenanalyse ist darauf zu achten, dass man tatsächlich die Kernursachen identifiziert. Stellt man beispielsweise fest, dass es aufgrund eines verschlissenen Maschinenlagers zu dem betrachteten Problem gekommen ist, dann ist „das verschlissene Maschinenlager" noch nicht die Kernursache.

Ein Austausch dieses Lagers versetzt den Prozess wieder in den vorherigen Zustand, daher wird die Ursachenanalyse häufig an dieser Stelle beendet. Das Problem ist damit aber noch nicht dauerhaft beseitigt, denn es muss auch hinterfragt werden, wie es zu dem verschlissenen Lager kommen konnte.

Am Ende von Schritt 4 sind die Kernursachen des Problems bekannt. Mit ihnen muss der in Schritt 2 beschriebene Fehler vollständig erklärbar sein.

2.2.5 Schritt 5: Korrekturmaßnahmen festlegen (inkl. Wirksamkeitsprüfung)

Schritt	Hauptaufgaben	Ergebnisse
Schritt 5: Korrekturmaßnahmen festlegen (inkl. Wirksamkeitsprüfung)	▸ mögliche Korrekturmaßnahmen entwickeln, bewerten und auswählen ▸ ausgewählte Korrekturmaßnahmen erproben und Wirksamkeit nachweisen	▸ Wirksamkeit der Korrekturmaßnahmen ist nachgewiesen

Zielsetzung von Schritt 5 ist es, ausgehend von den identifizierten Kernursachen, geeignete Korrekturmaßnahmen zu entwickeln und deren Wirksamkeit nachzuweisen. Die Korrekturmaßnahmen müssen die Kernursachen des Problems nachhaltig beseitigen.

Hauptaufgabe 1: Mögliche Korrekturmaßnahmen entwickeln, bewerten und auswählen

Vorerst sind mögliche Korrekturmaßnahmen zu entwickeln. Typische Beispiele für Korrekturmaßnahmen sind Änderungen an Werkzeugen, der Umbau von Vorrichtungen und Anlagen oder die Adaptierung von Steuerungsprogrammen. Bei der Planung der Korrekturmaßnahmen muss auch auf deren langfristige Wirkung geachtet werden: Es ist sicherzustellen, dass der aufgetretene Fehler nicht nach einiger Zeit erneut auftreten kann. Daher wird man in diesem Schritt beispielsweise auch die Eignung des laufenden Schulungsprogramms oder die praktizierten Vorgehensweisen in Wartung und Instandhaltung beurteilen.

Bei der Entwicklung von Korrekturmaßnahmen ist es oft nützlich, mehrere Varianten zu erarbeiten und zu bewerten. Diese Bewertung wird zunächst auf Basis von wirtschaftlichen Kriterien erfolgen. Weiters ist darauf zu achten, dass mit der Lösung des Problems nicht ungewollt ein anderes Problem erzeugt wird. Die Korrekturmaßnahmen sind daher auf mögliche Risiken zu überprüfen. Dies erfolgt häufig mit Hilfe der Fehlermöglichkeits- und -einflussanalyse (FMEA). Sollen über die reine Wirtschaftlichkeitsbetrachtung hinausgehende Kriterien zur Beurteilung herangezogen werden, bietet sich die Nutzwertanalyse zur Auswahl der Vorzugsvariante an. Dabei sollten auch mögliche Risiken der unterschiedlichen Varianten Berücksichtigung finden.

Hauptaufgabe 2: Ausgewählte Korrekturmaßnahmen erproben und Wirksamkeit nachweisen

Mithilfe einer Wirksamkeitsprüfung ist nachzuweisen, dass durch die Korrekturmaßnahmen der in Schritt 2 beschriebene Fehler beseitigt ist. Für den Nachweis der Fähigkeit der Fertigungsprozesse werden üblicherweise Fertigungsversuche, verbunden mit Prozessfähigkeitsuntersuchungen, eingesetzt. Sollten auch Produkttests erforderlich sein, sind Erprobungspläne zu erstellen und umzusetzen.

Werkzeuge in Schritt 5

- Erprobungsplan (siehe Seite 52)
- FMEA (siehe Seite 55)
- Nutzwertanalyse (siehe Seite 78)
- Paarweiser Vergleich zur Entscheidungsfindung (siehe Seite 80)
- Poka Yoke (siehe Seite 88)
- Prozessfähigkeitsuntersuchung (siehe Seite 96)

Am Ende von Schritt 5 muss sich das Team sicher sein, dass das Problem nachhaltig beseitigt sein wird, sobald die Korrekturmaßnahmen organisatorisch verankert sind.

2.2.6 Schritt 6: Korrekturmaßnahmen organisatorisch verankern

Schritt	Hauptaufgaben	Ergebnisse
Schritt 6: Korrekturmaßnahmen organisatorisch verankern	▸ Korrekturmaßnahmen organisatorisch verankern ▸ Sofortmaßnahmen aufheben	▸ Korrekturmaßnahmen sind nachhaltig in der Organisation verankert

Nachdem in Schritt 5 nachgewiesen wurde, dass die geplanten Korrekturmaßnahmen den Fehler beseitigen, müssen diese nachhaltig in der Organisation verankert werden.

Hauptaufgabe 1: Korrekturmaßnahmen organisatorisch verankern

Zur Verankerung der Korrekturmaßnahmen ist es unter anderem erforderlich, die Vorgabedokumente entsprechend zu aktualisieren. Dies betrifft z. B. Arbeits- und Prüfanweisungen, Control Plans, Schulungspläne oder Instandhaltungspläne. Wurden Änderungen an Werkzeugen oder Vorrichtungen vorgenommen, so sind auch die zugehörigen Konstruktionszeichnungen auf den aktuellen Stand zu bringen. Andernfalls würde der Fehler nach der Anfertigung eines Ersatzwerkzeuges wieder auftreten.

In der Automobilindustrie ist der Kunde an dieser Stelle in der Regel einzubinden, sofern die Auswahl und Festlegung der Korrekturmaßnahmen nicht ohnehin bereits gemeinsam mit dem Kunden erfolgt ist. Häufig muss nämlich die Freigabe der geänderten Prozesse durch den Kunden erfolgen (z. B. im Rahmen einer Erstmusterfreigabe).

Die optimierten bzw. neuen Regelungen werden in Kraft gesetzt. Die betroffenen Führungskräfte und Mitarbeiter werden entsprechend geschult.

Hauptaufgabe 2: Sofortmaßnahmen aufheben

Mit der organisatorischen Verankerung der Problemlösung sind die noch laufenden Sofortmaßnahmen (z. B. 100 %-Prüfung) aufzuheben. Die interimistischen Arbeits- und Prüfpläne werden durch die Korrekturmaßnahmen abgelöst.

In der Automobilindustrie kann es jedoch aufgrund von Kundenforderungen erforderlich sein, ausgewählte Sofortmaßnahmen (z. B. 100 %-Sortierprüfungen) weiterhin parallel zu den etablierten Korrekturmaßnahmen aufrechtzuerhalten. Diese Prüfungen dürfen beispielsweise erst nach 90 Tagen fehlerfreier Produktion eingestellt werden.

Werkzeuge in Schritt 6

- Arbeitsplan (siehe Seite 46)
- Instandhaltungsplan (siehe Seite 66)
- Prozessfähigkeitsuntersuchung (siehe Seite 96)
- Prozessregelkarte (siehe Seite 99)
- Prüfplan/Control Plan (siehe Seite 101)
- Qualifikationsmatrix (siehe Seite 104)

Am Ende von Schritt 6 sind die Korrekturmaßnahmen nachhaltig in der Organisation verankert.

2.2.7 Schritt 7: Vorbeugungsmaßnahmen treffen

Schritt	Hauptaufgaben	Ergebnisse
Schritt 7: Vorbeugungsmaßnahmen treffen 	▸ gewonnene Erkenntnisse für andere bestehende Produkte/Prozesse verfügbar machen ▸ gewonnene Erkenntnisse für zukünftige Produkte/Prozesse verfügbar machen	▸ gewonnene Erkenntnisse werden auch für andere Produkte/Prozesse genutzt

Mithilfe der ersten sechs Schritte hat man das konkrete Problem nachhaltig beseitigt. Zielsetzung dieses siebenten Schrittes ist es, die gewonnenen Erkenntnisse für andere bereits bestehende und auch für zukünftige Produkte bzw. Prozesse verfügbar zu machen.

Hauptaufgabe 1: Gewonnene Erkenntnisse für andere bestehende Produkte/Prozesse verfügbar machen

Die aktuell zur Anwendung kommenden Praktiken und Verfahren, d.h. die praktizierten Standards, sind weiterzuentwickeln. Um das Auftreten des gleichen Problems bei anderen bestehenden Produkten bzw. Prozessen auszuschließen, wird man ähnliche Produkte bzw. Prozesse analysieren und prüfen, ob die gesetzten Korrekturmaßnahmen dort ebenfalls zweckmäßig wären.

Dies kann z.B. erfolgen, indem man relevante Abteilungen über das Problem und die realisierte Lösung informiert und diese daraufhin in ihren Bereichen die entsprechenden Vorbeugungsmaßnahmen treffen. Ebenso wäre es z.B. möglich, Audit-Checklisten zu ergänzen, sodass die relevanten Prozesse im Zuge von Audits auf dieses mögliche Problem hin überprüft werden.

Hauptaufgabe 2: Gewonnene Erkenntnisse für zukünftige Produkte/Prozesse verfügbar machen

Das zentrale Werkzeug zur Vermeidung des in den Schritten 1 bis 6 gelösten Problems bei zukünftigen Produkten bzw. Prozessen ist die FMEA. Man wird das Problem in eine FMEA-Checkliste oder eine FMEA-Datenbank aufnehmen und damit sicherstellen, dass bei der Durchführung einer FMEA für neue Produkte bzw. Prozesse auch dieses mögliche Problem in Betracht gezogen wird. Darüber hinaus gibt es weitere Möglichkeiten, um die in der Produkt- und Prozessentwicklung tätigen Abteilungen in systematischer Form auf die in der laufenden Serienproduktion gemachten Erfahrungen hinzuweisen. Es gilt auch hier, die zur Anwendung kommenden Standards weiterzuentwickeln (z. B. Konstruktionsrichtlinien, Erprobungspläne, Prüfstandards, Lastenhefte für Anlagen).

Werkzeuge in Schritt 7

- Audit-Checkliste (siehe Seite 47)
- FMEA-Software/FMEA-Datenbank (siehe Seite 58)
- Konstruktionsrichtlinie (siehe Seite 73)

Am Ende von Schritt 7 sind die während der Problemlösung gewonnenen Erkenntnisse auch anderen relevanten Bereichen zugänglich gemacht.

2.2.8 Schritt 8: Problemlösungsprozess abschließen

Schritt	Hauptaufgaben	Ergebnisse
Schritt 8: Problemlösungsprozess abschließen	▸ erfolgreiche Umsetzung der vereinbarten Maßnahmen überprüfen und Problemlösungsprozess abschließen	▸ Problemlösungsprozess ist formal abgeschlossen

Der Teamleiter muss sich davon überzeugen, dass alle vereinbarten Maßnahmen umgesetzt und die Kosten verursachergerecht abgerechnet sind. Der Teamleiter bedankt sich bei seinem Team und informiert gegebenenfalls den Kunden über den erfolgreichen Abschluss.

2.3 Zusammenspiel der acht Schritte

Bild 6 zeigt, wie die acht Schritte im zeitlichen Verlauf zusammenspielen. Diese Betrachtung schärft das Verständnis für die Schritte. Den Schritten überlagert sind drei Meilensteine dargestellt. Bei Meilenstein A ist der Kunde mit dem Problem nicht mehr konfrontiert. Die fehlerhaften Teile sind aus der Lieferkette entfernt. Der Kunde ist mit Ersatzlieferungen versorgt. Für die weitere Produktion sind Sondermaßnahmen (z. B. zusätzliche Prüfungen) eingeleitet. In der Automobilindustrie ist es eine übliche Forderung, dass Meilenstein A innerhalb von 24 Stunden erreicht ist. Bei Meilenstein B sind die Korrekturmaßnahmen nachhaltig in der Organisation verankert. Zu diesem Zeitpunkt können die Sofortmaßnahmen eingestellt werden (unter Berücksichtigung eventuell vorhandener branchenspezifischer Regelungen).

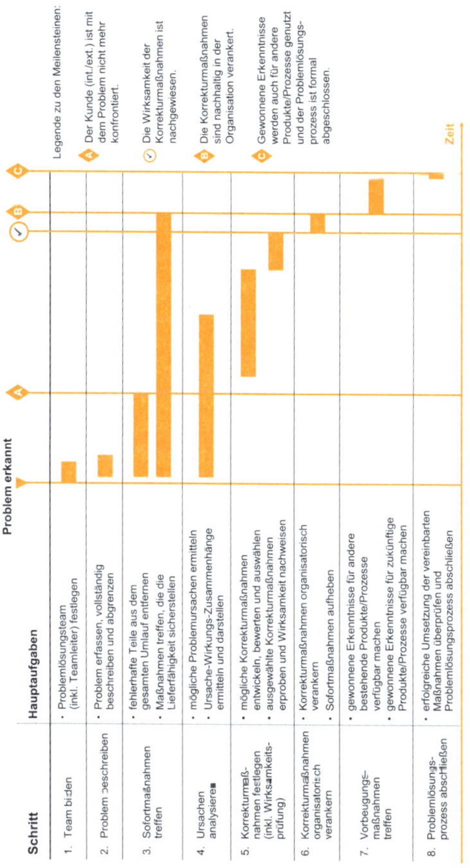

Bild 6: Zusammenspiel der acht Schritte im zeitlichen Verlauf

Bei Meilenstein C ist der Problemlösungsprozess schließlich abgeschlossen. Zu diesem Zeitpunkt muss sichergestellt sein, dass die Korrekturmaßnahmen so in der Organisation verankert sind, dass sie wirksam bleiben und auch dem Druck des Tagesgeschäftes standhalten. Ebenso ist durch Vorbeugungsmaßnahmen dafür gesorgt, dass dieses Problem nicht an anderer Stelle wieder auftreten kann.

2.4 Beispiele für 8D-Anwendungen

Auch wenn im Zuge der bisherigen Erläuterungen vorwiegend die Behandlung von Kundenreklamationen als Anwendungsbeispiel für 8D herangezogen wurde, muss betont werden, dass 8D universell einsetzbar ist. Beispiele für weitere Anwendungsgebiete sind aufgetretene Probleme im Rahmen der Produkterprobung, Anlagenstörungen, unzulässige Umweltbeeinträchtigungen oder auch Arbeitsunfälle. Bei all diesen Themen sind zunächst Sofortmaßnahmen zu setzen und in weiterer Folge ist das Problem nachhaltig zu beseitigen. Abschließend muss dafür gesorgt werden, dass das Problem auch an anderer Stelle nicht wieder auftreten kann.

Auf den folgenden Seiten sind einige Beispiele dargestellt und erläutert. Damit soll der Ablauf des Problemlösungsprozesses klarer werden.

2.4.1 Beispiel 1: Aggregat nicht montierbar

Dieses Beispiel (Bild 7) zeigt den klassischen Anwendungsfall eines Problemlösungsprozesses, nämlich das Vorgehen nach dem Eingang einer Kundenreklamation. Die Schritte erfolgen entsprechend den Erläuterungen in Abschnitt 2.2.

Schritt 1: Team bilden	
Problemlösungsteam *F. Winkler / FA, B. Maier / QF, R. Gruber / MF, C. Eder / MI*	**Verteiler für Berichte** *G. Müller / F, M. Sommer / Q, R. Huber / M*
Schritt 2: Problem beschreiben	
In Lieferlos XXX hat der Kunde zwei Getriebe mit versetzt montiertem Deckel gefunden. Der Fehler ist erstmals bei diesem Los aufgetreten.	
Schritt 3: Sofortmaßnahmen treffen	
Alle Getriebe auf dem Lieferweg zum Kunden und beim Kunden zu 100 % prüfen und nacharbeiten.	
Alle im Hause vorhandenen Getriebe zu 100 % prüfen und nacharbeiten. 100 %-Prüfung in der laufenden Montage einführen.	
Ersatzlieferung zur Sicherung des Kundenbedarfes durchführen.	
Schritt 4: Ursachen analysieren	
Ein neuer Mitarbeiter wurde in der Montage eingesetzt. Dieser hat den Deckel versetzt montiert. Die Aufnahmevorrichtung lässt Fehlmontagen zu.	
Schritt 5: Korrekturmaßnahmen festlegen (inkl. Wirksamkeitsprüfung)	
Aufnahmevorrichtung für den Prüflauf insofern ändern, dass Getriebe mit falsch montiertem Deckel nicht aufgespannt werden können.	
Prüfen, ob diese Absicherung eine falsche Montage des Deckels auch zuverlässig erkennt.	
Schritt 6: Korrekturmaßnahmen organisatorisch verankern	
Wartungsanweisung ergänzen: Die Vorrichtung zur Erkennung des falsch montierten Deckels muss monatlich geprüft werden.	
Dokumentation zur Anlage aktualisieren.	
Mitarbeiter aus Produktion und Instandhaltung zu den Änderungen schulen. Schulungspläne aktualisieren.	
100 %-Prüfung in der laufenden Montage aufheben.	
Schritt 7: Vorbeugungsmaßnahmen treffen	
Prüfen, ob dieser Fehler auch bei Montagelinie Y auftreten kann. Falls dies möglich ist, gleiche Maßnahmen auch an dieser Linie durchführen.	
Checkliste für die Montageplanung ergänzen. Durch die Vorrichtungen muss sichergestellt werden, dass Deckel nicht versetzt montierbar sind.	
Schritt 8: Problemlösungsprozess abschließen	
Erfolgreiche Umsetzung der vereinbarten Maßnahmen prüfen, Problemlösungsprozess in der Datenbank abschließen.	

Bild 7: 8D-Report „Aggregat nicht montierbar"

2.4.2 Beispiel 2: Gehäuse bricht im Versuch

Dieser 8D-Report zeigt ein Beispiel aus der Produktentwicklung (Bild 8). Im Zuge eines Fahrzeugdauerlaufs kommt es durch den Bruch eines Getriebegehäuses zu einem Ausfall. Auch bei diesem Beispiel sind zunächst Sofortmaßnahmen einzuleiten und anschließend muss eine dauerhafte Lösung des Problems realisiert werden.

Sofortmaßnahmen sind notwendig, da ein solcher Versuchslauf in der Regel Teil eines umfassenden Erprobungsprogramms ist und nicht nur das gebrochene Gehäuse getestet wird. Um eine Aussage zur Lebensdauer der weiteren Bauteile dieses Fahrzeugs machen zu können, muss die Erprobung fortgesetzt werden. Es muss daher rasch eine Lösung gefunden werden, die es zulässt, den unterbrochenen Versuchslauf wieder aufzunehmen. Dazu wird man in das Fahrzeug ein repariertes oder neues Getriebe einsetzen. Für eine korrekte Interpretation der Erprobungsergebnisse ist auch hier eine sorgfältige Dokumentation der Sofortmaßnahmen unverzichtbar.

Anschließend muss nach der Ursache für den Bruch gesucht werden. Im dargestellten Beispiel handelt es sich um eine Auslegungsschwäche, die durch eine Änderung des Designs behoben werden muss. Nach der Geometrieänderung muss diese durch spezielle Tests geprüft werden (entspricht der Prüfung der Wirksamkeit der Korrekturmaßnahmen).

Abschließend stellt man sich auch hier die Frage, was aus dem Problem gelernt wurde. Es bietet sich an, dieses Problem für zukünftige FMEAs als möglichen Fehler festzuhalten.

Schritt 1: Team bilden	
Problemlösungsteam *F. Winkler / FA, B. Maier / QF, R. Gruber / MF, C. Eder / MI*	**Verteiler für Berichte** *G. Müller / F, M. Sommer / Q, R. Huber / M*
Schritt 2: Problem beschreiben	
Aggregat Nr. PT 1-24: Bruch des Gehäuses beim Fahrzeugdauerlauf FV 2 nach 270 Stunden.	
Der Bruch ist im Bereich des Überganges zur rechten Lagerstelle der Ausgangswelle aufgetreten.	
Schritt 3: Sofortmaßnahmen treffen	
Versuchsaggregate auf mögliche Anrisse in diesem Bereich täglich kontrollieren.	
Gehäuse und alle möglicherweise durch den Bruch vorgeschädigten Teile austauschen. *Dauerlauf von PT 1-24 fortsetzen.*	
Schritt 4: Ursachen analysieren	
Aufzeichnungen aus dem Versuch analysieren, tatsächliche Belastungen ermitteln. *→ Es hat sich gezeigt, dass die Belastungen im Versuch den Vorgaben im Lastenheft entsprechen.*	
Gebrochenes Gehäuse maßlich und werkstofftechnisch untersuchen. *→ Es konnten keine Abweichungen von den Vorgaben festgestellt werden.*	
FE-Rechnung detaillieren und Belastungen im Bereich des Bruches ermitteln. *→ Es hat sich gezeigt, dass der Übergang nicht ausreichend dimensioniert war.*	
Schritt 5: Korrekturmaßnahmen festlegen (inkl. Wirksamkeitsprüfung)	
Design modifizieren und mit FE-Rechnung absichern.	
Produkt-FMEA überarbeiten.	
Prüfstandsdauerlauf PV 3 zur Absicherung des neuen Designs durchführen.	
Schritt 6: Korrekturmaßnahmen organisatorisch verankern	
Zeichnung ändern.	
Neues Design ab PT 2 einsteuern.	
Schritt 7: Vorbeugungsmaßnahmen treffen	
FMEA-Datenbank ergänzen.	
Schritt 8: Problemlösungsprozess abschließen	
Erfolgreiche Umsetzung der vereinbarten Maßnahmen prüfen, Problemlösungsprozess in der Datenbank abschließen.	

Bild 8: 8D-Report „Gehäuse bricht im Versuch"

2.4.3 Beispiel 3: Ungeplanter Stillstand einer Anlage

Der in Bild 9 dargestellte 8D-Report zeigt die Anwendung des Problemlösungsprozesses zur Verbesserung der Anlagenverfügbarkeit. 8D unterstützt bei der Produktivitätssteigerung, indem dafür gesorgt wird, dass Anlagenstillstände nicht wiederholt aufgrund gleicher Ursachen auftreten.

Zunächst erhalten auch hier die Sofortmaßnahmen höchste Priorität. Der Kunde muss vor den Folgen des Problems geschützt werden. Das heißt in diesem Fall, dass die Anlage rasch repariert und wieder in Betrieb genommen werden muss. Falls erforderlich, ist darüber hinaus die durch den Stillstand verlorene Produktionsmenge in Sonderschichten aufzuholen.

Bis zu dieser Stelle kommt man in der betrieblichen Praxis in der Regel auch ohne Problemlösungsleitfaden aus. Der Problemlösungsprozess darf jedoch nicht mit der Einführung von Sofortmaßnahmen enden. 8D sorgt auch bei dieser Art von Problemstellungen dafür, dass man den Ursachen konsequent auf den Grund geht und die Probleme nachhaltig beseitigt.

Will man die 8D-Methode auch zur Erhöhung der Anlagenverfügbarkeit einsetzen, muss im Rahmen der organisatorischen Verankerung des Problemlösungsprozesses festgelegt werden, unter welchen Bedingungen ungeplante Stillstände zum Auslöser für einen 8D-Problemlösungsprozess werden. Als Kriterium dafür wird häufig die Stillstandsdauer herangezogen. Zusätzlich könnte man auch eine für diesen Anwendungszweck adaptierte Roadmap erstellen, trainieren und anwenden.

Schritt 1: Team bilden	
Problemlösungsteam *F. Winkler / FA, B. Maier / QF, R. Gruber / MF, C. Eder / MI*	**Verteiler für Berichte** *G. Müller / F, M. Sommer / Q, R. Huber / M*
Schritt 2: Problem beschreiben	
Ungeplanter Stillstand der Anlage AA: Durch einen Maschinencrash ist es zu einem ungeplanten Stillstand gekommen. Der Werkstückschlitten ist über den zulässigen Bereich hinausgefahren. Eine Führungsschiene ist gebrochen. Der Anlagenstillstand dauerte 7 Stunden.	
Schritt 3: Sofortmaßnahmen treffen	
Die Reparatur der Anlage wurde umgehend durchgeführt: Die Führungsschiene wurde getauscht, ein Endschalter wurde gereinigt.	
Sonderschicht zum Abbau des aufgelaufenen Rückstandes kurzfristig einplanen.	
Schritt 4: Ursachen analysieren	
Mechanischen Endschalter prüfen. *→ Der mechanische Endschalter war durch die im Produktionsprozess verwendeten Harze verklebt. Eine regelmäßige Reinigung war nicht vorgesehen und wurde auch nicht durchgeführt.*	
Maschinensteuerung prüfen. *→ Die Maschinensteuerung schaltet bei Betätigung des Endschalters zuverlässig aus. Sie kann als Ursache ausgeschlossen werden.*	
Schritt 5: Korrekturmaßnahmen festlegen (inkl. Wirksamkeitsprüfung)	
Nachhaltige Funktion des Endschalters sicherstellen: Vorgehen zur regelmäßigen Reinigung und zur wiederkehrenden Überprüfung der Funktion (durchzuführende Tätigkeiten, Intervalle, Zuständigkeiten) festlegen und pilotmäßig erproben.	
Schritt 6: Korrekturmaßnahmen organisatorisch verankern	
Arbeitsanweisung „Bedienung von Anlage AA" ergänzen und in Kraft setzen (regelmäßige Reinigung des Endschalters). Instandhaltungspläne aktualisieren (wiederkehrende Überprüfung des Endschalters). Alle relevanten Mitarbeiter unterweisen.	
Schritt 7: Vorbeugungsmaßnahmen treffen	
Die Anlagen BB und CC werden unter ähnlichen Rahmenbedingungen betrieben und es kommen die gleichen mechanischen Endschalter zur Anwendung → Arbeitsanweisungen für diese Anlagen hinsichtlich Reinigung und Prüfung der Endschalter ergänzen.	
Schritt 8: Problemlösungsprozess abschließen	
Erfolgreiche Umsetzung der vereinbarten Maßnahmen prüfen, Problemlösungsprozess in der Datenbank abschließen.	

Bild 9: 8D-Report „Ungeplanter Stillstand einer Anlage"

2.4.4 Beispiel 4: Unfall an einer Anlage

Dieser 8D-Report zeigt die 8D-Anwendung im Bereich der Arbeitssicherheit (Bild 10). Kommt es zu einem Arbeitsunfall, wird man selbstverständlich zuerst den Verletzten versorgen und nicht an 8D denken. Das Beispiel zeigt jedoch, dass man auch hier durch die Anwendung des 8D-Modells dem Vorgehen zur nachhaltigen Lösung des Problems eine klare Struktur geben kann.

Die Versorgung des Verunfallten und die erlittenen Verletzungen sind in der Problembeschreibung zweckmäßig zusammenzufassen. Bei den Sofortmaßnahmen geht es auch hier darum, den Kunden zu schützen. Die Kunden sind in diesem Fall die Mitarbeiter vor Ort, die ein sicheres Arbeitsumfeld erwarten dürfen.

Anschließend ist den Ursachen nachzugehen und mithilfe von Korrekturmaßnahmen dafür zu sorgen, dass ein derartiger Unfall nicht mehr auftreten kann.

Schließlich darf auch bei dieser Problemstellung nicht darauf vergessen werden, aus dem Unfall für andere Bereiche zu lernen.

Schritt 1: Team bilden	
Problemlösungsteam *F. Winkler / FA, B. Maier / QF, R. Gruber / MF, C. Eder / MI*	**Verteiler für Berichte** *G. Müller / F, M. Sommer / Q, R. Huber / M*
Schritt 2: Problem beschreiben	
Unfall mit Beladesystem: Der Beladeroboter bei Anlage XX (dort wird noch ein älteres Modell eingesetzt) hat sich in Bewegung gesetzt, obwohl das Zugangstor geöffnet war und Herr Huber aus dem Bereich Instandhaltung sich im Arbeitsbereich aufgehalten hat. Herr Huber ist durch den Roboterarm am Kopf getroffen und verletzt worden. Er wurde von der Sanitätsstelle erstversorgt und ins Krankenhaus gebracht. Herr Huber hat eine Beule und laut ärztlicher Diagnose eine leichte Gehirnerschütterung erlitten. Er bleibt für eine Nacht zur Beobachtung im Krankenhaus. *Durch das geöffnete Zugangstor hätte eigentlich jede Bewegung des Beladesystems blockiert sein müssen.*	
Schritt 3: Sofortmaßnahmen treffen	
Anlage XX wurde umgehend außer Betrieb genommen.	
Schritt 4: Ursachen analysieren	
Steuerungssoftware überprüfen. *→ Es hat sich gezeigt, dass die Ursache nicht im Bereich der Steuerungssoftware liegen kann.*	
Sicherheitsschalter prüfen. *→ Im Zuge einer Anlagenrevision vor drei Wochen war es bei der Wiederinbetriebnahme für einen Test notwendig, einen Sicherheitsschalter an der Anlage zu überbrücken. Es wurde vergessen, ihn wieder zu aktivieren.*	
Schritt 5: Korrekturmaßnahmen festlegen (inkl. Wirksamkeitsprüfung)	
Sicherheitsschalter aktivieren und Funktionsfähigkeit überprüfen.	
Vorgehen bei Revisionen an Anlagen analysieren und ergänzen: Die Wirksamkeit von Sicherheitseinrichtungen ist nach jeder Anlagenrevision zu prüfen. Das Ergebnis der Prüfung ist zu dokumentieren.	
Schritt 6: Korrekturmaßnahmen organisatorisch verankern	
Arbeitsanweisung „Vorgehen bei Revisionen an Anlagen" ergänzen und in Kraft setzen. Alle relevanten Instandhaltungsmitarbeiter unterweisen. Unterweisung ist schriftlich zu bestätigen.	
Schritt 7: Vorbeugungsmaßnahmen treffen	
Bei den Anlagen YY und ZZ handelt es sich um ähnliche Anlagen. Die unter Schritt 5 angeführten Korrekturmaßnahmen sind auch an diesen Anlagen durchzuführen. *Hinweis: Bei den neueren Anlagen ist entsprechend der Maschinenrichtlinie die Steuerung so ausgelegt, dass die Anlage nicht in Betrieb gehen kann, solange der Schalter nicht aktiviert ist. Damit fällt ein überbrückter Sicherheitsschalter sofort auf.*	
Schritt 8: Problemlösungsprozess abschließen	
Erfolgreiche Umsetzung der vereinbarten Maßnahmen prüfen, Problemlösungsprozess in der Datenbank abschließen.	

Bild 10: 8D-Report „Unfall an einer Anlage"

3 Werkzeuge im Problemlösungsprozess

Abschnitt 2 stellt das Vorgehen zur Problemlösung nach 8D dar. Dabei wird in den einzelnen Schritten immer wieder auf den Einsatz bewährter Werkzeuge verwiesen, durch welche dieses Vorgehensmodell erst seine Schlagkraft erhält.

Es handelt sich dabei nicht nur um Werkzeuge, die üblicherweise zur Prozessanalyse und -optimierung eingesetzt werden (z. B. Ursache-Wirkungs-Diagramm), sondern auch um Werkzeuge, die Vorgaben im Unternehmen definieren und im Zuge des Problemlösungsprozesses möglicherweise überarbeitet werden müssen (z. B. Prüfplan). In diesem Abschnitt werden die Werkzeuge – alphabetisch gereiht – aus der Sicht des Problemlösungsprozesses beschrieben und anhand zahlreicher Tipps und Beispiele praxisnah erläutert. Wo eine vollständige und detaillierte Beschreibung aus Platzgründen nicht möglich ist, wird auf die entsprechende Literatur verwiesen.

3.1 5W1H-Methode

Voraussetzung für eine nachhaltige Problemlösung ist eine gute Problembeschreibung. Diese muss das Problem klar und vollständig definieren, beim Leser eine entsprechende Betroffenheit auslösen und beim Problemlösungsteam den Willen erzeugen, das Problem dauerhaft abzustellen.

Die Methode 5W1H kann bei der Beschreibung des Problems als unterstützendes Hilfsmittel wertvolle Dienste leisten. Es handelt sich um eine systematische Fragetechnik. Mithilfe eines Fragensets (What?, Where?, When?, Why?, Who?, How?) wird das Problem in seine Bestandteile zerlegt:

What (was)?	Was ist das Problem (bzw. was sind die Symptome)?
Where (wo)?	Wo ist das Problem aufgetreten (bzw. wo ist es entstanden)?
When (wann)?	Wann ist das Problem aufgetreten (bzw. wann wurde es erkannt)?
Why (warum)? **Which (welche)?**	Warum ist das Problem entstanden? Welche Baureihen/Bauteile sind von dem Problem betroffen?
Who (wer)?	Wer ist von dem Problem betroffen (z. B. Kunden, Abteilungen, Lieferanten)?
How (wie)?	Wie äußert sich das Problem (bzw. wie wirkt es sich aus)?

Wendet man die 5W1H-Methode im Schritt 2 von 8D „Problem beschreiben“ an, muss das Fragewort „Why“ durch „Which“ ersetzt werden (Welche Baureihen/Bauteile sind von dem Problem betroffen?). Die Problemursachen dürfen an dieser Stelle im Problemlösungsprozess noch keine Rolle spielen. Die Frage „Why?“ wird erst im Schritt 4 „Ursachen analysieren“ gestellt.

Die Antwort auf die Frage „How?“ (Wie wirkt sich das Problem aus bzw. was sind die Folgen des Problems?) liefert die Grundlage für die im Schritt 5 von 8D „Korrekturmaßnahmen festlegen (inkl. Wirksamkeitsprüfung)“ durchzuführende Wirksamkeitsprüfung.

Im englischen Original wird die Methode – abgeleitet von den Anfangsbuchstaben der Fragewörter – „5W1H“ genannt. Da die Fragewörter im Deutschen alle mit „W“ beginnen (Was, Wo, Wann, Warum, Wer, Wie), ist die Methode auch unter „6W“ bekannt. Wegen der Verwechslungsgefahr mit der Methode „5 Why“, die oft auch „5W“ genannt wird, empfehlen wir die Verwendung des Namens „5W1H“. Gelegentlich wird die Methode nach ihrem Erfinder Rudyard Kipling auch Kipling-Methode genannt.

3.2 Arbeitsplan

Arbeitspläne bilden den gesamten Produktionsablauf in strukturierter Form ab und stellen vor allem eine Vorgabe für den Herstellprozess an die Produktion dar. Die Arbeitspläne sind unternehmensspezifisch individuell gestaltet und bilden in weiterer Folge die Basis für die Kalkulation, die Planung von Kapazitäten und Terminen und die interne Leistungsverrechnung. Die Inhalte eines Arbeitsplans variieren je nach Unternehmen und Anwendungszweck (z. B. auftragsbezogen oder auftragsneutral). Mögliche Inhalte des Arbeitsplans sind:

- Arbeitsplätze, an denen die Tätigkeiten ausgeführt werden (z. B. Maschinengruppen).
- Arbeitsmittel, die zur Ausführung der Tätigkeiten notwendig sind (z. B. Maschinen, Vorrichtungen, Messeinrichtungen, NC-Programme).
- Identifikation des herzustellenden Teils (z. B. Zeichnungsnummer).
- Materialien, die der Tätigkeit zugeordnet sind (z. B. Rohmaterial).
- Vorgabewerte für die Tätigkeiten (z. B. Rüst- und Bearbeitungszeiten).
- Prüfmerkmale bei Vorgängen, in denen Prüfungen stattfinden.
- Qualifikationen, die zur Ausführung der Tätigkeiten erforderlich sind.

Werden z. B. im Rahmen eines 8D-Prozesses Sofortmaßnahmen festgelegt, so beziehen sich diese in der Regel auch auf den Produktionsablauf (z. B. besondere Vorkehrungen im Produktionsprozess). Sie sind in Form eines interimistischen Arbeitsplans zu dokumentieren. Jede Änderung bzw. Neueinführung der Maßnahmen, z. B. aufgrund neuer Erkenntnisse, muss zu einer nachvollziehbaren Aktualisierung des interimistischen Arbeitsplans führen. Nur dann ist rückverfolgbar, welche Produktchargen mit welchem Produktionsablauf hergestellt wurden.

Werden die Korrekturmaßnahmen dauerhaft in der Organisation implementiert, ist der interimistische durch einen regulären Arbeitsplan zu ersetzen.

3.3 Audit-Checkliste

Damit schon gelöste Probleme in anderen bestehenden oder künftigen Produkten bzw. Prozessen vermieden werden, sind die durch die Problemlösung erlangten Erkenntnisse im Rahmen von Produkt- bzw. Prozessaudits zu berücksichtigen. Dies kann über die Aufnahme entsprechender Fragestellungen in die jeweilige Audit-Checkliste erfolgen. Die Audit-Checklisten sind *lebende Dokumente*, was bedeutet, dass sie an die jeweiligen Gegebenheiten anzupassen sind, wozu eben auch die Berücksichtigung aktueller Prozessprobleme zählt.

Für den Erfolg des Auditprozesses haben Auswahl und Formulierung der Fragen zentrale Bedeutung. Die Fragen sind verständlich zu formulieren und sollten einfach zu verifizieren und zu bewerten sein.

3.4 Balkendiagramm

Bei der Problemlösung ist es für das Team oft hilfreich, wenn Informationen grafisch dargestellt werden.

Sind die betrachteten Merkmale zählbar (z. B. Anzahl der Kratzer pro Bauteil) bzw. beobachtbar (z. B. glänzende bzw. matte Oberfläche), dann werden die Daten in Balkendiagrammen dargestellt. Die Daten messbarer Merkmale (z. B. Rauheit der Oberfläche) werden in Histogrammen (siehe Seite 62) visualisiert.

Das Balkendiagramm stellt die Häufigkeiten von Ausprägungen zählbarer bzw. beobachtbarer Merkmale dar. Beispiele hierfür sind die Anzahl der aufgetretenen Fehler je Fehlerart, Anzahl ungeplanter Stillstände je Maschinentyp oder die Anzahl der Arbeitsunfälle pro Abteilung.

Auf der einen Achse werden die einzelnen Kategorien (z. B. Fehlerarten, Maschinentypen, Abteilungen) aufgetragen, auf der anderen Achse die Häufigkeiten, die in den einzelnen Kategorien beobachtet wurden (z. B. Anzahl der aufgetretenen Fehler, Anzahl der Maschinenstillstände, Anzahl der Arbeitsunfälle).

Ein Beispiel dafür zeigt Bild 11. Auf der einen Achse sind unterschiedliche Fehlerarten aufgetragen und auf der anderen Achse die jeweilige Häufigkeit.

Fehlerart	Anzahl
Kratzer	74
Beule	11
Korrosion	45
Verschmutzung	74
Teil fehlt	26
Montagefehler	24
Lackfehler	39
Sonstiges	8

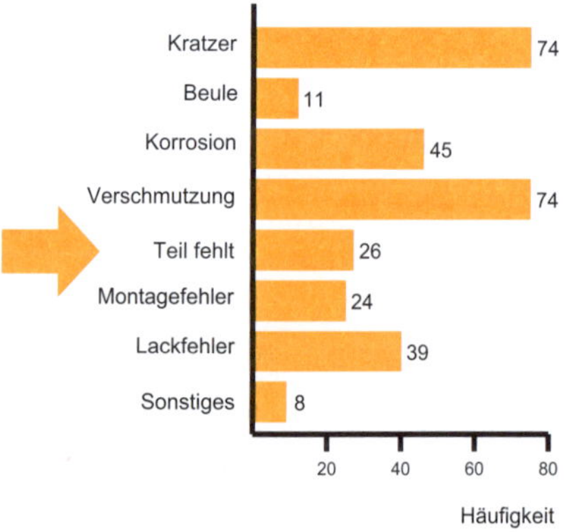

Bild 11: Beispiel zur Erstellung eines Balkendiagramms

Das Werkzeug für die Datenerhebung könnte, wie hier gezeigt, eine Fehlersammelkarte (siehe Seite 53) sein.

Ein spezielles Balkendiagramm stellt das Pareto-Diagramm (siehe Seite 86) dar.

3.5 Brainstorming

Wenn im Zuge einer Problemlösung nicht von vornherein klar ist, worin die Ursache liegt, ist es notwendig, zu einer definierten Problemstellung möglichst viele Ideen für mögliche Ursachen zu sammeln. Es bietet sich daher an, diese Ideensammlung in einem Team durchzuführen.

Dazu werden jene Teilnehmer zu einem Brainstorming-Workshop eingeladen, von denen erwartet werden kann, dass sie einen wertvollen Beitrag zur Ideensammlung liefern. Dies werden in der Regel Prozessspezialisten sein. Manchmal ist es auch sinnvoll, Personen einzuladen, die nicht oder nur wenig mit dem Prozess vertraut sind. Sie sind noch nicht vorbelastet und bringen möglicherweise völlig neue Ideen ein.

Vorbereitung des Workshops

Auch wenn Brainstormings oft spontan und ohne langwierige Vorbereitung stattfinden können, sollten die Kernpunkte der Vorbereitung doch immer beachtet werden:

- **Moderator** auswählen.
- **Problemstellung** eindeutig formulieren: Die Problemstellung sollte von Beginn an eindeutig formuliert sein. Ist dies nicht der Fall, kann es passieren, dass die Teilnehmer am Thema vorbeiarbeiten. Dadurch werden Ideen gesammelt, die mit der zur Diskussion stehenden Prob-

lemstellung wenig oder nichts zu tun haben. Gegebenenfalls muss die Formulierung gemeinsam mit den Teilnehmern erarbeitet werden.

- **Workshop-Teilnehmer** auswählen und einladen: In der Einladung sollte den Teilnehmern auch das Thema des Workshops mitgeteilt werden.
- **Funktionsprüfung:** Die Moderationshilfsmittel sind auf Vollständigkeit und Funktion zu überprüfen (z.B. Flipchart, Moderationskarten, Stifte, Beamer, Laptop, Software).

Durchführung des Workshops

Der Moderator legt den Teilnehmern nochmals die gemeinsame Zielsetzung des Workshops (Sammlung von Ideen zu einer bestimmten Problemstellung) und die Problemstellung dar. Falls notwendig, wird auch die Methode des Brainstormings erklärt. Es werden Regeln vereinbart, die während des Workshops einzuhalten sind, z.B.

- keine Diskussion während der Phase der Ideenfindung,
- kein Kommentieren der geäußerten Ideen (zunächst werden alle Ideen als gleichwertig betrachtet),
- Handyverbot usw.

Die gemeinsame Erarbeitung der Ideen kann auf vielfältige Weise erfolgen, jedoch lassen sich zwei Grundtypen unterscheiden: die Zurufmethode und die Kartenabfrage:

- Bei der **Zurufmethode** nennen die Teilnehmer laut ihre Ideen, die vom Moderator für alle sichtbar festgehalten werden. Dafür dient z.B. das Ursache-Wirkungs-Diagramm (siehe Seite 107) oder die Mindmap. Softwareprodukte (wie z.B. MindManager) leisten dabei gute Dienste. Durch dieses Vorgehen entwickelt sich nach und nach eine strukturierte und übersichtliche Sammlung der Ideen.

- Bei der **Kartenabfrage** schreibt jeder Teilnehmer seine Ideen selbst auf Moderationskarten. Der Moderator sammelt von Zeit zu Zeit die Karten ein und heftet sie auf eine Pinnwand. Nach der Phase der Ideenfindung werden die Karten gemeinsam nach Gruppen geordnet. Dabei kann ein vorbereitetes Ursache-Wirkungs-Diagramm unterstützend die gewünschte Struktur vorgeben.

In jedem Fall werden die genannten Ideen von den anderen Teilnehmern wahrgenommen und zu eigenen Ideen weiterentwickelt, worin auch der Nutzen dieser Methode liegt.

Ist die Gruppierung abgeschlossen und wurden eventuell neu hinzugekommene Ideen ebenfalls entsprechend aufgenommen, kann die Priorisierung der Ideen z. B. mittels Punktebewertung (siehe Seite 103) erfolgen.

Nachbereitung des Workshops

Die im Workshop erarbeiteten Ergebnisse stellen oft wertvolles Know-how dar und müssen entsprechend dokumentiert und gespeichert werden, um zu einem späteren Zeitpunkt wieder darauf zurückgreifen zu können.

Dies ist die Aufgabe des Moderators, der die Workshop-Ergebnisse z. B. als Fotoprotokoll im jeweiligen Arbeitsordner am Server speichert.

Einige Praxistipps zum Brainstorming

- Statt Moderationskarten können auch große Haftnotizen verwendet werden. Das ist günstiger, ebenso flexibel und man benötigt keine Pinnnadeln.
- Auf jeder Karte darf nur eine Idee stehen, die mit drei bis sieben Worten formuliert ist.
- Die Teilnehmer sollten leserlich schreiben.
- Unklare Formulierungen werden vom Autor der Idee geklärt.

3.6 Erprobungsplan

Die Wirksamkeitsprüfung von Lösungen kann eine Reihe von Tests (z. B. Funktions-, Zuverlässigkeits- und Lebensdauertests) enthalten und sollte daher sorgfältig geplant und dokumentiert werden. Ein dafür in der Automobilindustrie verwendetes Werkzeug ist der *Design Verification Plan and Report (DVP&R)*, zu Deutsch *Entwurfsbestätigungsplan und -bericht*. Dieses Planungs- und Nachweisinstrument dient der übersichtlichen Darstellung der geplanten Tests sowie der Dokumentation von Ergebnissen und kann folgende Informationen enthalten:

- Stammdaten der zu erprobenden Einheit,
- Bezeichnung der Tests, Verweis auf die entsprechenden Beschreibungen und Darlegung der entsprechenden Annahmekriterien,
- Verantwortlichkeiten für die Durchführung der Tests,
- Start- und Enddatum der Durchführung der Tests,
- Testergebnisse.

Der Erprobungsplan unterstützt durch seine übersichtliche Darstellungsform die Planung, Durchführung und Dokumentation der Erprobungen. Dadurch ermöglicht er eine ressourcenschonende Designverifizierung und fungiert zusätzlich noch als vertrauensbildende Maßnahme, da mit seiner Hilfe nachgewiesen werden kann, dass alle notwendigen Tests geplant, durchgeführt und mit Erfolg absolviert wurden.

3.7 Fehlersammelkarte

In der Praxis treten oft mehrere Fehlerarten gleichzeitig auf. Für die Untersuchung solcher Fälle ist eine Fehlersammelkarte, die auch als Strichliste bezeichnet wird, hilfreich. In diese wird pro Fehlerart die Anzahl der aufgetretenen Fehler eingetragen. Die aufzuzeichnenden Fehlerarten sind vor dem Einsatz der Fehlersammelkarte gemeinsam mit den durchführenden Mitarbeitern zu definieren, um sicherzustellen, dass die auftretenden Fehler auch korrekt erkannt und erfasst werden können. Die Fehlerart *Sonstiges* gewährleistet die – zumindest zahlenmäßige – Erfassung seltener Fehler. Die durchführenden Mitarbeiter müssen wissen, was unter den angeführten Fehlerarten verstanden wird. Natürlich ist auch eine ausreichende Qualifikation der Mitarbeiter hinsichtlich der Erkennung der einzelnen Fehler notwendig. Dies ist besonders der Fall, wenn Fehler nicht sofort als solche erkannt werden können (z. B. Lackfehler auf einer Oberfläche). Gegebenenfalls ist ein Eignungsnachweis des Prüfsystems durchzuführen.

Die Fehlersammelkarte kann permanent (zur laufenden Prozessbeobachtung) oder temporär (zur zeitweiligen Prozessbeobachtung z. B. im Zuge einer Problemlösung) eingesetzt werden.

Wird die Fehlersammelkarte zur reinen Erfassung von aufgetretenen Fehlern eingesetzt, kann die in ihr enthaltene Information mittels eines Pareto-Diagramms (siehe Seite 86) auf einfache Weise visualisiert und zur Priorisierung der Fehlerarten aufbereitet werden. Es lassen sich auch oft bestimmte Muster erkennen und die Fehlersammelkarte ist somit ein wertvolles Werkzeug, um die möglichen Ursachen eines Problems zu identifizieren.

Fehlersammelkarte

Produktnummer: *SM-32a* Prüfart: *Sichtprüfung* Ort: *Halle 5*
Produktbezeichnung: *Stabmixer* Prozess: *Endmontage*

Nr.	Fehlerart	Datum: *01.02.20xx*	Datum: *02.02.20xx*	Datum: *03.02.20xx*	Datum: *04.02.20xx*	Datum: *05.02.20xx*	Summe
1	Kratzer	卌 卌 I	卌 卌 卌 III	卌 卌 III	卌 卌 卌 III	卌 卌 IIII	74
2	Beule	II	III	I	II	III	11
3	Korrosion	卌	III	卌 卌 卌	IIII	卌 卌 卌 III	45
4	Verschmutzung	卌 卌 IIII	卌 卌 卌 I	卌 卌 IIII	卌 卌 卌 I	卌 卌 IIII	74
5	Teil fehlt	卌 III	I	卌 III	I	卌 III	26
6	Montagefehler	卌 I	III	卌 I	III	卌 I	24
7	Lackfehler	II	I	II	卌 卌 卌 I	卌 卌 卌 III	39
8	Sonstiges	II	I	II	I	II	8
		Prüfer: *C. Egger*	Prüfer: *C. Egger*	Prüfer: *H. Haupt*	Prüfer: *C. Egger*	Prüfer: *H. Haupt*	

Bild 12: Beispiel für eine Fehlersammelkarte

Interpretation der Fehlersammelkarte
Aus der Fehlersammelkarte in Bild 12 geht hervor, dass Kratzer und Verschmutzungen die häufigsten Fehler sind. Im Sinne von Pareto (siehe Seite 86) würde man

hier mit der Optimierung ansetzen. Man kann auch erkennen, dass ein Prüfer wesentlich öfter Korrosionsschäden erkennt als ein anderer Prüfer. Worin die eigentliche Ursache liegt, kann freilich nicht direkt aus der Fehlersammelkarte abgeleitet werden. Die Fehlersammelkarte gibt jedoch einen deutlichen Hinweis darauf, dass die Ursache für Korrosionsschäden eventuell gar nicht im Herstellprozess, sondern im Prüfprozess liegt. Das bedeutet, dass der Prüfer H. Haupt möglicherweise überkritisch urteilt und auch gute Teile als fehlerhaft einstuft. Ebenso könnte es sein, dass der Prüfer C. Egger zu wenig kritisch urteilt und fehlerhafte Teile als gut einstuft. Weiterhin ist zu erkennen, dass ab dem Datum *04.02.20xx* die Fehlerart *Lackfehler* deutlich zugenommen hat. Diese Änderung liefert ebenso einen Ansatzpunkt zur Suche nach Ursachen. ■

3.8 FMEA – Fehlermöglichkeits- und -einflussanalyse

Die dauerhafte Lösung von Problemen bedingt oft eine Änderung eines Produktes oder Prozesses. In diesen Fällen ist vom Problemlösungsteam zu überprüfen, ob mit dem geänderten Produkt bzw. Prozess mögliche Risiken einhergehen. Es muss verhindert werden, dass mit der Lösung des Problems ungewollt ein anderes Problem erzeugt wird. Diese Überprüfung wird oftmals mithilfe der *Fehlermöglichkeits- und -einflussanalyse (FMEA)* durchgeführt.

Bei der FMEA identifiziert und beseitigt ein für das zu analysierende Thema speziell zusammengestelltes Expertenteam – ausgehend von seinem technischen Wissen und den gemachten Erfahrungen mit bestehenden Produkten und Prozessen – mögliche Fehler in der Produkt- oder Prozessauslegung, die bei der späteren Anwendung oder im Produktionsprozess zu Problemen führen könnten.

Im Wesentlichen ist zwischen Produkt- und Prozess-FMEA zu unterscheiden. Die Produkt-FMEA soll helfen, mögliche Schwachstellen in der Produktauslegung und im Erprobungsprogramm zu erkennen und zu beseitigen. Die Prozess-FMEA soll helfen, mögliche Schwachstellen in einem geplanten Herstellprozess zu erkennen und zu beseitigen. Das heißt, bei der FMEA geht es darum, mögliche Fehler bereits in der Produkt- bzw. Prozessentwicklung zu vermeiden.

Es bietet sich an, den Ablauf einer FMEA aus moderationstechnischen Gründen in drei Schritte zu unterteilen:

1. Risikoanalyse

Im Wesentlichen geht es um die Identifizierung möglicher Fehler und deren Ursachen. Bei der Produkt-FMEA zerlegt man das Konzept des Produktes in seine Bauteile und Baugruppen, definiert deren funktionale Anforderungen und identifiziert anschließend bauteil- und baugruppenbezogen potenzielle Fehler und Fehlerursachen. Bei der Prozess-FMEA zerlegt man den Herstellprozess in seine Prozessabschnitte, definiert die herzustellenden Spezifikationen und identifiziert prozessabschnittsbezogen potenzielle Fehler und Fehlerursachen. Mögliche Moderations- und Visualisierungswerkzeuge zur Identifizierung der möglichen Fehler und Fehlerursachen sind sowohl bei der Produkt- als auch bei der Prozess-FMEA das Ursache-Wirkungs-Diagramm (siehe Seite 107) oder die Mindmap.

2. Risikobewertung und Konzeptoptimierung

Sowohl bei der Produkt- als auch bei der Prozess-FMEA werden die im ersten Schritt identifizierten Fehler nach den Kriterien *Bedeutung der Fehlerfolge (B), Auftretenswahrscheinlichkeit des Fehlers (A)* und *Entdeckungswahrscheinlichkeit des Fehlers (E)* bewertet.

Die Bewertung der Bedeutung erfolgt ausgehend vom Fehler unter Berücksichtigung der Fehlerfolgen. Die Auftretenswahrscheinlichkeit wird unter Berücksichtigung von Fehler, Fehlerursachen und Vermeidungsmaßnahmen bewertet. Die Betrachtung von mehreren Fehlerursachen führt daher in der Regel auch zu mehreren Auftretenswahrscheinlichkeiten. Die Bewertung der Entdeckungswahrscheinlichkeit erfolgt ausgehend vom Fehler unter Berücksichtigung der Entdeckungsmaßnahmen.

So wird für jedes Kriterium eine Bewertung aus einem Wertebereich von 1 bis 10 vergeben. Basis dafür sind produkt- und prozessspezifische Bewertungskataloge. Das Produkt aus B, A und E ergibt die sogenannte Risikoprioritätszahl (RPZ). Diese kann Werte von 1 bis 1000 annehmen. Überschreitet die RPZ eine festgelegte Grenze, dann sind Optimierungsmaßnahmen einzuleiten. Die RPZ alleine lässt jedoch noch keine Aussage über das Risiko zu, daher ist eine starre Grenze für die RPZ (z. B. RPZ ≤ 125) nicht sinnvoll. In die Priorisierung der Risiken ist auch die Bedeutung der Fehlerfolgen miteinzubeziehen. Gravierendere Fehlerfolgen führen zu niedrigeren zulässigen Grenzen für die RPZ.

Mögliche Grenzen für die RPZ

- Bedeutung 10: RPZ ≤ 60
- Bedeutung 9: RPZ ≤ 80
- Bedeutung ≤ 8: RPZ ≤ 100

AIAG und VDA haben diesem Umstand Rechnung getragen und in ihrem FMEA-Handbuch aus dem Jahr 2019 die Risikoprioritätszahl durch die Aufgabenpriorität (AP) ersetzt. In einer Aufgabenprioritätstabelle wird je nach Kombination von B, A und E für die entsprechenden Maßnahmen eine hohe, mittlere oder niedrige Priorität vergeben.

Drei Arten von Optimierungsmaßnahmen werden unterschieden: *Vermeidende Maßnahmen* setzen an der Fehlerursache an (z. B. Konstruktions-/Prozessänderungen), *entdeckende Maßnahmen* verbessern die Möglichkeit der Fehlerentdeckung (z. B. Tests, Versuche, Simulationen, Prüfungen) und *auswirkungsbegrenzende Maßnahmen* vermindern die Auswirkungen eines auftretenden Fehlers (z. B. Redundanzen, elektronische Absicherungen oder Vorwarnsysteme). Das Setzen vermeidender Maßnahmen hat in jedem Fall erste Priorität.

3. FMEA-Review

Über sogenannte FMEA-Reviews wird die Umsetzung der empfohlenen Maßnahmen überprüft, der verbesserte Zustand bewertet und gegebenenfalls werden weitere Optimierungsmaßnahmen empfohlen.

Werkzeuge zur Unterstützung des FMEA-Prozesses

Vorlagen für die Durchführung einer FMEA-Würdigkeitsanalyse, Terminplanung, Ressourcenplanung, FMEA-Formblätter, FMEA-Datenbank, FMEA-Bewertungskataloge usw. sind wichtige Werkzeuge für einen zielorientierten und leistungsfähigen FMEA-Einsatz.

Detailliertere Informationen zu diesem Thema finden Sie in *Wappis, J.; Jung, B.*: Null-Fehler-Management.

3.9 FMEA-Software/FMEA-Datenbank

Zeitgemäße FMEA-Softwareprodukte bilden den Analyseprozess *Strukturanalyse, Funktionsanalyse* und *Fehleranalyse* in seiner Gesamtheit ab. Ursache-Wirkungs-Zusammenhänge sind dadurch stets klar ersichtlich und nachvollziehbar und können außerdem die Effizienz von FMEA-Anwendungen erheblich steigern. Funktionen wie einfaches Umschalten zwischen den verschiedenen international standardisierten FMEA-Formblatt-Layouts, die Möglichkeit zur Parallelarbeit von Projektteams an einem gemeinsamen Datenbestand und die Durchsuchung von Datenbeständen durch leistungsfähige Suchmaschinen sind mittlerweile Standard. Durch den gemeinsamen Datenbestand gehört die mehrfache Pflege gleicher Daten der Vergangenheit an. Standardisierte Import-/Exportformate unterstützen den Datenaustausch mit anderen Systemen (z. B. 8D-Datenbank).

3.10 Fünfmal „Warum?“

Unter *Fünfmal „Warum?“* versteht man eine relativ einfach anwendbare Methode zur Identifikation der Kernursache eines Problems. Werden z. B. in einem Brainstorming-Workshop (siehe Seite 49) die möglichen Ursachen für ein Problem erhoben, dann stellen die von den Teilnehmern zunächst genannten Ideen oftmals nur Symptome, und noch nicht die Kernursache (wahre Ursache) dar.

Da nicht alle genannten möglichen Ursachen aus dem Brainstorming-Workshop gleich wichtig sein werden, sollte zunächst eine Priorisierung der Ideen nach Wichtigkeit bzw. Relevanz – z. B. mittels Punktebewertung (siehe Seite 103) – erfolgen.

Die als wichtig erachteten möglichen Ursachen werden mit der Methode Fünfmal „Warum?“ weiter analysiert. Dazu wird für jede Ursache ein kurzes Brainstorming durchgeführt, bei dem wiederholt die Frage „Warum?“ gestellt wird. Dadurch werden für jede Ursache eine oder mehrere Unterursachen gefunden, die dann wiederum mit „Warum?“ hinterfragt werden. So kommt man der wahren Ursache Schritt für Schritt auf die Spur. Wie oft „Warum?“ gefragt wird, ist vom Problem abhängig – die Zahl „Fünf“ sollte nur als Anhaltspunkt gesehen werden.

Das in *Ohno, T.:* Das Toyota-Produktionssystem dargestellte Beispiel (siehe Tabelle 1) verdeutlicht die Vorgehensweise: Das aufgetretene Problem wird so lange hinterfragt, bis die Kernursache gefunden ist. Es ist in diesem Fall nicht ausreichend, einfach nur die Sicherung der Maschine zu tauschen. Das Problem würde wahrscheinlich wieder auftreten. Erst wenn die Kernursache gefunden und behoben wird (indem ein Sieb an der Maschine angebracht wird), kann ausgeschlossen werden, dass die Maschine aus dem vorliegenden Grund wieder ausfällt.

Tabelle 1: Beispiel für die Technik Fünfmal „Warum?“

Problem: Eine Maschine hat unerwartet angehalten	
WARUM?	DESHALB:
Warum hat die Maschine angehalten?	Die Sicherung ist durchgebrannt.
Warum ist die Sicherung durchgebrannt?	Es hat eine Überlastung gegeben.
Warum hat es eine Überlastung gegeben?	Das Lager war nicht ausreichend geschmiert.
Warum war das Lager nicht ausreichend geschmiert?	Die Ölpumpe hat nicht genügend gepumpt.
Warum hat die Ölpumpe nicht genügend gepumpt?	Die Welle ist ausgeschlagen und rattert.
Warum ist die Welle ausgeschlagen?	Metallspäne gerieten in die Maschine.
Warum gerieten Metallspäne in die Maschine?	Es war kein Sieb angebracht.

Praxisbeispiel: Ursachenanalyse zu Spanabdrücken auf Teilen

Bild 13 zeigt ein Beispiel für eine Ursachenanalyse mit Fünfmal „Warum?". Durch das wiederholte Fragen „Warum?" stößt man zunächst auf die technische Ursache des Problems. Konfrontiert man beispielsweise die Instandhaltung mit diesem Problem, dann wird diese in der Regel die verstopfte Düse als Ursache nennen. Nach der Reinigung der Düse ist das Problem vermeintlich beseitigt. Setzt man keine weiteren Maßnahmen, wird das Problem irgendwann wieder auftreten. Daher muss man durch weiteres „Warum?"-Fragen ermitteln, was im System die technische Ursache zugelassen hat. In diesem Fall ist dies die mangelhafte Wartungsanweisung. Erst wenn diese Ursache (= Kernursache) beseitigt ist, kann das Wiederauftreten des beobachteten Problems ausgeschlossen werden.

Problem:	Spanabdrücke waren auf den Teilen.	⇦ **Problem, Symptom**
Warum:	Späne waren in der Spannvorrichtung.	
Warum:	Spannvorrichtung wurde schlecht ausgeblasen.	
Warum:	Luftmenge aus der Düse war zu gering.	
Warum:	Düse war stark verschmutzt/verstopft.	⇦ **technische Ursache(n)**
Warum:	Düse wurde mangelhaft gewartet.	
Warum:	Wartung der Düse ist in der Wartungsanweisung nicht vorgesehen.	⇦ **Ursache(n) im System**

Bild 13: Beispiel Ursachenanalyse zu Spanabdrücken auf Teilen

Auch von der Kernursache ausgehend kann man noch weiter mit „Warum?“ fragen. Aus den Antworten auf diese Fragen lassen sich Vorbeugungsmaßnahmen ableiten. Im betrachteten Beispiel müsste das Vorgehen zur Erstellung von Wartungsanweisungen verbessert werden. Dies würde sich dann auch auf andere ähnliche Prozesse auswirken.

Warum aufgetreten? versus Warum nicht entdeckt?

Bei der Bearbeitung von Kundenreklamationen mit 8D wird Fünfmal „Warum?“ nicht nur zur Identifikation der Ursache für das Auftreten eines Problems verwendet, sondern auch, um herauszufinden, warum die fehlerhaften Teile nicht erkannt wurden und dadurch bis zum Kunden gelangen konnten. Die dabei ermittelten Ursachen führen zur Beseitigung von Schwächen in den Prüfprozessen. Kundenreklamationen bewirken daher in der Regel auch Änderungen im Prüfplan/Control Plan (siehe Seite 101).

3.11 Histogramm

Zur Darstellung der Häufigkeiten messbarer Merkmale setzt man das Histogramm ein. Dazu wird eine Achse (Merkmalsachse) in Klassen unterteilt. Dann werden die Messwerte den einzelnen Klassen zugeordnet und es wird die Häufigkeit der Messwerte innerhalb der einzelnen Klassen ermittelt. Diese Häufigkeit wird auf der anderen Achse dargestellt.

Histogramme ermöglichen die einfache Abschätzung des Mittelwerts, der Streuung (z. B. Spannweite) und der allgemeinen Form der Verteilung der Messwerte (z. B. symmetrisch oder in eine Richtung schief, eingipfelig oder mehrgipfelig).

In Bild 14 sind beispielhaft Messwerte einer Oberflächenrauheit und das daraus erstellte Histogramm dargestellt. Dieses weist die typische linkssteile Form von nullbegrenzten Merkmalen auf.

Messwerte für R_z [µm]
2,9
11,9
3,9
3,4
...

Klasse	Häufigkeit
von 2,55 bis 3,55	7
von 3,55 bis 4,55	16
von 4,55 bis 5,55	4
von 5,55 bis 6,55	6
...	...
von 12,55 bis 13,55	2

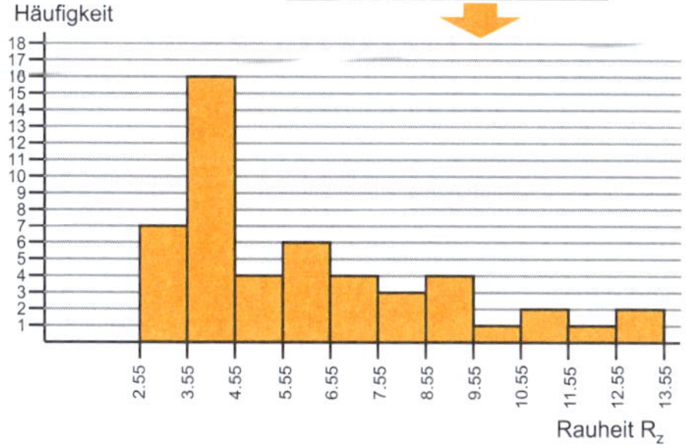

Bild 14: Beispiel zur Erstellung eines Histogramms

Interpretation verschiedener Formen eines Histogramms

Ein Histogramm von Messdaten dient neben der detaillierten Beschreibung eines Problems auch zu dessen Ursachenanalyse. Die Verteilungsform der im Histogramm dargestellten Daten kann wichtige Anhaltspunkte zur Ursachenfindung liefern.

In Bild 15 sind verschiedene Verteilungsformen dargestellt, die folgendermaßen interpretiert werden können:

- **Glockenförmige Verteilung:** Eine annähernd normalverteilte Datenmenge weist darauf hin, dass vornehmlich zufällige Ursachen auf den Prozess wirken. Um dennoch eventuelle systematische Einflüsse zu identifizieren, ist der zeitliche Verlauf (Verlaufsdiagramm, siehe Seite 110) der Daten zu analysieren. Zur Verbesserung der Prozessfähigkeit (siehe Seite 96) sind die Ursachen der zufälligen Streuung zu ermitteln und zu minimieren.

- **Zwei- oder mehrgipfelige Verteilung:** Diese Form deutet auf zwei (oder mehr) überlagerte Prozesse hin. Mögliche Ursachen für eine solche Form sind z. B. mehrere Werkzeuge oder Produktionsmaschinen zur Herstellung des gleichen Produktes oder ein Werkzeug mit mehreren Nutzen. Um die Ursache dieses Prozessverhaltens zu identifizieren, müssen die Teile aus den verschiedenen Werkzeugen, Produktionsmaschinen oder Nutzen getrennt voneinander gemessen und die so erhaltenen Daten einander gegenübergestellt werden.
- **Schiefe Verteilung:** Diese Verteilungsform findet man sehr häufig bei nullbegrenzten Merkmalen (z. B. Rauheit, elektrische Kennwerte). Zur weiteren Analyse ist die Identifikation einer den Daten entsprechenden Verteilungsform wichtig, da hier die Gesetze der Normalverteilung keine Gültigkeit haben. Vorsicht ist bei der Verwendung von Analyseverfahren geboten, die normalverteilte Daten voraussetzen.
- **Rechteckverteilung:** Unterliegt ein Prozess, der normalverteilten Output liefert, einem Trend, so beobachtet man häufig diese Verteilungsform. Auch ist die Überlagerung vieler unterschiedlicher Prozesse möglich. Zur Ergründung der Ursachen für diese Verteilungsform ist der zeitliche Verlauf (siehe auch Seite 110) des Prozesses zu analysieren. Auch könnte wie bei der zwei- oder mehrgipfeligen Verteilungsform beschrieben vorgegangen werden. Sollten die Flanken des Histogramms steil abfallen, kann die Ursache auch in einem vorherigen Aussortieren der Teile liegen.

- **Kleinst- oder Höchstwert mit großer Häufigkeit:** Weist das Minimum oder das Maximum der Verteilung eine übergroße Häufigkeit auf, kann dies ein Hinweis auf ein ungeeignetes Messsystem sein, das Werte unterhalb oder oberhalb eines bestimmten Messwertes nicht differenzieren kann. In diesem Falle muss das Messsystem optimiert werden.
- **Ausreißer:** Liegen Werte unplausibel weit vom Mittelwert entfernt, bezeichnet man diese als *Ausreißer*. Diese Werte deuten auf eine besondere Ursache hin, die (kurzzeitig) auf den Prozess gewirkt hat. Es ist nun diese Ursache zu ergründen und in Zukunft auszuschalten. Dazu ist der zeitliche Verlauf der Daten zu analysieren und der Zeitpunkt, zu dem der Ausreißer beobachtet wurde, den entsprechend zeitnah vorgefallenen Ereignissen gegenüberzustellen. Ausreißer, die durch Messfehler oder Fehler bei der Datenübertragung (z. B. Tippfehler) entstanden sind, dürfen aus den weiteren Analysen ausgeschlossen werden.

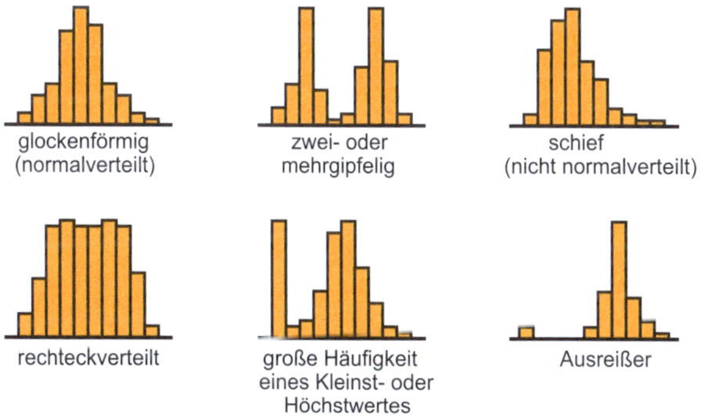

Bild 15: Beispiele zu verschiedenen Verteilungsformen

Erstellung eines Histogramms in Excel

- Klicken Sie in der Registerkarte *Daten* in der Gruppe *Analyse* auf die Schaltfläche *Datenanalyse* und wählen Sie aus den vorgeschlagenen Analysefunktionen *Histogramm* aus.
- In der Dialogbox *Histogramm* geben Sie als *Eingabebereich* jenen Zellbereich an, in dem die Messwerte eingetragen sind. In *Klassenbereich* können Sie optional einen Zellbereich bestimmen, in welchem Sie die Klassenmittelpunkte für das Histogramm vorgegeben haben. In *Ausgabe* aktivieren Sie *Diagrammdarstellung* und z. B. *Neues Tabellenblatt*. Dann klicken Sie auf *OK*.
- Nun öffnet sich ein neues Tabellenblatt mit einem Histogramm und der Aufstellung der Häufigkeiten in den einzelnen Klassen.

Hinweis: Wird die Schaltfläche *Datenanalyse* nicht angezeigt, ist es notwendig, die Analysefunktionen zu laden. Gehen Sie hierzu gemäß der Hilfefunktion in MS Excel vor.

3.12 Instandhaltungsplan

Instandhaltung umfasst Maßnahmen zur Inspektion, Wartung, Instandsetzung und Verbesserung, die zu einem großen Teil geplant werden können.

Liegt nun die Kernursache eines Problems in einer mangelhaften Instandhaltung, so ist im Rahmen der Problemlösung die Planung der Instandhaltung anzupassen. Als Korrekturmaßnahme ist dann die geänderte Instandhaltung zu sehen und als deren organisatorische Verankerung die Aktualisierung des Instandhaltungsplans.

Neben einer einfachen Änderung des Instandhaltungsplans kann auch die Änderung der Instandhaltungsstrategie notwendig werden. Grundsätzlich können folgende Instandhaltungsstrategien zur Anwendung kommen:

- **Ausfallbehebung:** Die Instandhaltungsmaßnahmen beschränken sich auf die Schadensbehebung – es entstehen keine nennenswerten Aufwände für Inspektion oder Wartung.
- **Zeitgesteuerte Instandhaltung:** Die vordefinierten Instandhaltungsmaßnahmen werden in bestimmten Intervallen unabhängig vom tatsächlichen Zustand der Maschine ausgeführt.
- **Zustandsorientierte Instandhaltung:** Die Instandhaltungsmaßnahmen orientieren sich am konkreten Zustand der Maschine. Hierbei sind entsprechende Überwachungs- oder Diagnosesysteme zur laufenden Zustandsüberwachung notwendig.
- **Vorausschauende Instandhaltung:** Diese umfasst die geplante Suche nach verdeckten Fehlern, die bei der laufenden Zustandsüberwachung nicht gefunden werden.

Es ist zu beachten, dass bei einer Anlage, die aus unterschiedlichen Teilsystemen besteht, unterschiedliche Instandhaltungsstrategien gleichzeitig zur Anwendung kommen können. Zur Beseitigung der Kernursache eines Problems kann es notwendig sein, die Instandhaltungsstrategien einzelner Teilsysteme entsprechend zu adaptieren.

Detailliertere Informationen zu diesem Thema finden Sie in *Matyas, K.:* Instandhaltungslogistik.

3.13 Komponententausch

Will man die Ursache für eine Fehlfunktion einer zerlegbaren Baugruppe identifizieren, ist häufig der Komponententausch eine effiziente und zielführende Vorgehensweise.

Beispiele für solche Problemstellungen sind ein zu hoher Geräuschpegel im Innenraum eines Fahrzeuges oder eine zu lange Dauer vom Einschalten eines elektronischen Gerätes bis zu dessen tatsächlicher Betriebsbereitschaft.

Voraussetzung für den Komponententausch ist, dass man über eine *gute* und eine *schlechte* Baugruppe verfügt. Als *gut* bzw. *G* bezeichnet man jene Baugruppe, die einwandfrei funktioniert. Jene Baugruppe, die eine Fehlfunktion aufweist, wird als *schlecht* bzw. *S* bezeichnet. Dabei muss die Fehlfunktion durch eine messbare Größe dargestellt werden können (z. B. Geräuschentwicklung in Dezibel, Einschaltdauer in Millisekunden).

Das Prinzip des Komponententausches besteht darin, dass – neben zusätzlichen und notwendigen Vor- und Nacharbeiten – die einzelnen Komponenten nacheinander zwischen der guten und der schlechten Baugruppe getauscht werden und die verursachende Komponente dann gefunden ist, wenn der Fehler (die Fehlfunktion) von der ursprünglich schlechten zur ursprünglich guten Baugruppe mitwandert (Fehlerumkehr).

Tabelle 2 zeigt die Dokumentation eines Komponententausches am Beispiel der Ursachenanalyse für eine starke Geräuschentwicklung im Inneren eines Fahrzeuges (in Anlehnung an *Quentin, H.:* Versuchsmethoden im Qualitäts-Engineering).

Versuch	Getauschte Komponente	Gute Baugruppe	Geräuschpegel	Schlechte Baugruppe	Geräuschpegel	Schlussfolgerung
Anfangsprüfung	keine	Alle Komponenten GUT (G1)	63 dB	Alle Komponenten SCHLECHT (S1)	69 dB	- - -
Zerlegen & Zusammenbauen	keine	Alle Komponenten GUT (G2)	62 dB	Alle Komponenten SCHLECHT (S2)	70 dB	Fehler ist wiederholbar; Unterschied ist groß genug
Tauschen der Komponenten	A (Radlager)	$A_{SCHLECHT}$ $Rest_{GUT}$	62 dB	A_{GUT} $Rest_{SCHLECHT}$	69 dB	A keine Ursache
	B (Gleichlaufgelenke)	$B_{SCHLECHT}$ $Rest_{GUT}$	65 dB	B_{GUT} $Rest_{SCHLECHT}$	67 dB	B Nebenursache
	C (Feder)	$C_{SCHLECHT}$ $Rest_{GUT}$	63 dB	C_{GUT} $Rest_{SCHLECHT}$	69 dB	C keine Ursache
	D (Stoßdämpfer)	$D_{SCHLECHT}$ $Rest_{GUT}$	62 dB	D_{GUT} $Rest_{SCHLECHT}$	70 dB	D keine Ursache
	E (Räder)	$E_{SCHLECHT}$ $Rest_{GUT}$	70 dB	E_{GUT} $Rest_{SCHLECHT}$	64 dB	E Hauptursache
	F (Motor)	$F_{SCHLECHT}$ $Rest_{GUT}$	62 dB	F_{GUT} $Rest_{SCHLECHT}$	69 dB	F keine Ursache
Bestätigung	B & E	$B_{SCHLECHT}$ $E_{SCHLECHT}$ $Rest_{GUT}$	70 dB	B_{GUT} E_{GUT} $Rest_{SCHLECHT}$	62 dB	B & E sind alleinige Ursachen

Tabelle 2: Beispiel zur Dokumentation eines Komponententausches

Vorarbeiten

Die Methode des Komponententausches kann nur angewendet werden, wenn die Fehlfunktion reproduzierbar ist. Des Weiteren muss der messbare Unterschied zwischen der guten und der schlechten Baugruppe genügend groß sein, sodass zweifellos feststeht, dass der Unterschied nicht durch Zufall zustande gekommen ist.

- **Anfangsprüfung** (den Unterschied feststellen): Zu Beginn wird die Geräuschentwicklung in der guten Baugruppe (leises Fahrzeug) sowie in der schlechten Baugruppe (lautes Fahrzeug) gemessen. In diesem Beispiel ergibt die Messung im leisen Fahrzeug einen Wert von 63 dB, im lauten Fahrzeug erhält man einen Wert von 69 dB.
- **Mögliche Problemverursacher identifizieren und priorisieren:** Es werden nun jene Komponenten identifiziert, die wahrscheinlich die Ursache des Problems darstellen. Dies kann z. B. in Form eines Brainstormings (siehe Seite 49) erfolgen. Anschließend werden die identifizierten Komponenten dahingehend gereiht, wie wahrscheinlich sie die Ursache des Problems darstellen. Eine mögliche Methode dafür ist die Punktebewertung (siehe Seite 103). Als mögliche Problemverursacher wurden identifiziert: Radlager, Gleichlaufgelenke, Federn, Stoßdämpfer, Räder, Motor.
- **Zerlegen und Zusammenbauen** (den Unterschied beweisen): Vor dem eigentlichen Komponententausch werden die zuvor identifizierten Komponenten sowohl aus dem leisen als auch aus dem lauten Fahrzeug ausgebaut und, ohne sie zwischen den Fahrzeugen zu tauschen, wieder eingebaut. Nach dem Zusammenbau wird die Geräuschentwicklung im Innenraum beider Fahrzeuge erneut gemessen. Dadurch erhält man für jedes Fahrzeug einen zweiten Wert für den Geräuschpegel, der zur Beurteilung dient, ob der Unterschied zwischen dem

leisen und dem lauten Fahrzeug zufällig zustande gekommen sein kann. Das Zerlegen und Zusammenbauen hat vorrangig die Aufgabe, zu erkennen, ob das Problem durch einen Montagefehler verursacht wurde. Wenn dem so wäre, würde sich nach dem neuerlichen Zusammenbauen ein geändertes Fehlerbild zeigen. Die Geräuschprüfung nach dem Zusammenbau ergab in diesem Fall 62 dB für das leise und 70 dB für das laute Fahrzeug. Nun berechnet man zum einen den Unterschied zwischen dem leisen und dem lauten Fahrzeug (D) und zum anderen die Streuung der Messwerte (d). Dadurch kann beurteilt werden, ob der Unterschied zwischen den Fahrzeugen groß genug ist, um eine Fehlerumkehr zu erkennen. Dies ist gegeben, wenn $D/d \geq 5$.

$$D = \left| \frac{G1 + G2}{2} - \frac{S1 + S2}{2} \right| = \left| \frac{63 + 62}{2} - \frac{69 + 70}{2} \right| = 7{,}0$$

$$d = \frac{|G1 - G2| + |S1 - S2|}{2} = \frac{|63 - 62| + |69 - 70|}{2} = 1{,}0$$

$$\frac{D}{d} = \frac{7}{1} = 7$$

Durchführung

- **Tauschen der Komponenten** (Ursachensuche): Nachdem nun bewiesen ist, dass der Unterschied reproduziert werden kann und groß genug ist, um die Fehlerumkehr zu erkennen, werden die Komponenten zwischen den Fahrzeugen in der zuvor definierten Reihenfolge getauscht. Nach jedem Tausch einer Komponente wird der Geräuschpegel in den Fahrzeugen gemessen. Dann wird die getauschte Komponente wieder in ihr ursprüngliches

Fahrzeug rückgebaut und die nächste Komponente wird getauscht. Zur besseren Übersicht dokumentiert man die Ergebnisse in einer Tabelle (siehe Tabelle 2).

- **Interpretieren der Ergebnisse** (Ursachenidentifikation): Wie aus Tabelle 2 ersichtlich ist, führt der Tausch der Komponente A (Radlager) zu keiner wesentlichen Veränderung des Geräuschverhaltens der beiden Fahrzeuge. Der Tausch von Komponente B (Gleichlaufgelenke) führt beim ursprünglich leisen Fahrzeug zu einer leichten Verschlechterung und beim ursprünglich lauten Fahrzeug zu einer leichten Verbesserung. Nachdem jedoch keine vollständige Fehlerumkehr zu beobachten ist, wird die Komponente B als Nebenursache eingestuft. Bei den Komponenten C (Federn) und D (Stoßdämpfer) ist keinerlei Änderung des Geräuschverhaltens der beiden Fahrzeuge zu beobachten, somit werden diese beiden Komponenten als nicht relevant eingestuft. Der Tausch der Komponente E (Räder) führt zu einer signifikanten Änderung der Geräuschentwicklung, womit man diese Komponente als Hauptursache identifiziert hat. Nun wird der Komponententausch in der Regel abgebrochen. Möchte man unter den genannten Komponenten auch alle Nebenursachen finden, wird der Tausch bis zur letzten genannten Komponente fortgesetzt. In diesem Beispiel wird noch die Komponente F (Motor) getauscht, die aufgrund mangelnder Geräuschveränderung nicht als Ursache betrachtet wird.

Werden nun die Komponenten B und E getauscht und wird die Geräuschentwicklung gemessen, dann ist eine vollständige Fehlerumkehr zu beobachten. Damit sind die verursachenden Komponenten in der Baugruppe identifiziert. Die weitere Ursachenanalyse wird sich nun mit diesen beiden Komponenten beschäftigen (z. B. Paarweiser Vergleich zur Ursachenfindung, siehe Seite 83).

Keine Ursache gefunden?
Ergibt der Tausch der identifizierten Komponenten keine vollständige Fehlerumkehr, so weist dies darauf hin, dass die verursachende Komponente in der Liste der möglichen Problemverursacher noch nicht berücksichtigt wurde und weitere Komponenten als mögliche Fehlerursachen identifiziert werden müssen.

Weitere Erläuterungen dazu finden Sie z. B. in *Bhote, K. R.:* Qualität – Der Weg zur Weltspitze und *Quentin, H.:* Versuchsmethoden im Qualitäts-Engineering.

3.14 Konstruktionsrichtlinie

Häufig werden Probleme nicht durch Fehler im Produktionsprozess hervorgerufen, sondern durch eine mangelhafte Produktkonstruktion. Eine mögliche Vorbeugungsmaßnahme ist daher die Standardisierung der Gestaltung von Produkten bzw. Produktelementen (inkl. fertigungsgerechter Bemaßungskonzepte) in Form von Konstruktionsrichtlinien. Die im Rahmen von Problemlösungsprozessen gewonnenen Erkenntnisse werden in diese Richtlinien eingearbeitet und dienen in der Folge als Vorgabe bei Neuentwicklungen.

3.15 Korrelationsdiagramm

Vor allem in der Ursachenanalyse ist es oft notwendig, den Zusammenhang zwischen zwei Variablen zu untersuchen. Dazu stellt das Korrelationsdiagramm ein hilfreiches Werkzeug dar. Das Korrelationsdiagramm stellt die Beziehung zwischen zwei Variablen grafisch dar und dient damit dem Problemlösungsteam zur visuellen Beurteilung des Zusammenhanges. Bei den beiden Variablen kann es sich um gleichrangige Variablen (z. B. zwei Merkmale eines Bauteiles) oder auch um vermutete Ursache und Auswirkung handeln.

Bild 16 zeigt zwei Beispiele für Korrelationsuntersuchungen. Im linken Teil ist die Korrelation zwischen zwei gleichrangigen Variablen, und zwar der Zusammenhang zwischen den Durchmessern einer Welle an zwei verschiedenen Stellen, dargestellt. Die Kenntnis über die Beziehung zwischen Merkmalen ist häufig eine hilfreiche Information für die weitere Prozessanalyse und -optimierung. Man erkennt daran z. B., dass ein Durchmesserfehler gleichmäßig über die gesamte Länge des Bauteiles auftritt. Daraus lässt sich ableiten, dass auf die beiden Durchmesser die gleichen Ursachen einwirken. Dies schränkt die möglichen Ursachen für Durchmesserabweichungen ein. Im weiteren Serienprozess kann ausgehend von dieser Kenntnis gegebenenfalls auf die Vermessung eines der beiden Durchmesser verzichtet werden.

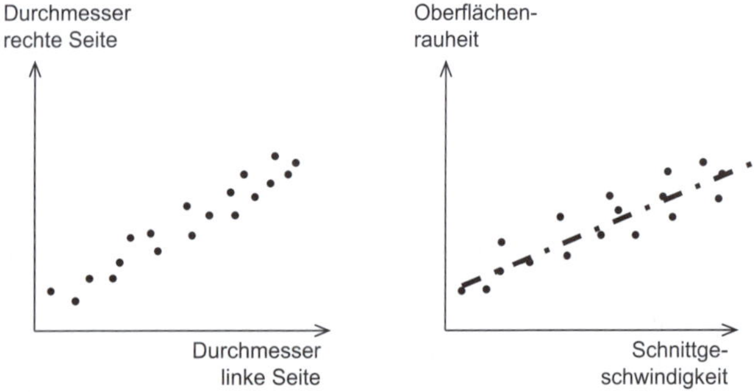

Bild 16: Beispiele für Korrelationsuntersuchungen

Der rechte Teil von Bild 16 zeigt die Korrelation zwischen einer vermuteten Ursache und deren Auswirkung. Der so identifizierte Zusammenhang kann genutzt werden, um die Ursache zu bestätigen (Ursachenanalyse) und in weiterer Folge geeignete Prozesseinstellungen zu finden (Lösungsfindung). Stellt sich heraus, dass es zwischen den beiden Variablen keinen Zusammenhang gibt, wäre das auch eine wertvolle Information. Für die Schnittgeschwindigkeit könnte in diesem Fall die kostengünstigste Variante ausgewählt werden.

Praxisbeispiel: Korrelationsanalyse zur Ursachensuche

In einer Fahrzeugmontage wird untersucht, ob der Spalt zwischen einem Scheinwerfer und den umliegenden Bauteilen den Vorgaben entspricht. Dazu wird an einigen Fahrzeugen paarweise der Spalt an der Stelle A und an der Stelle B gemessen. Die Wertepaare werden in einem Korrelationsdiagramm dargestellt.

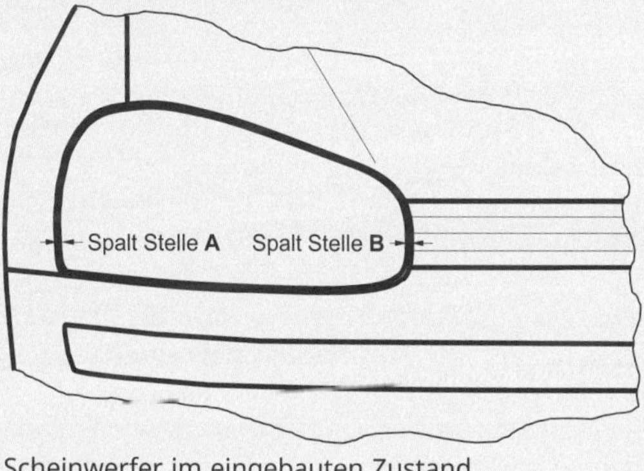

Scheinwerfer im eingebauten Zustand

Zeigt sich eine Korrelation der beiden Merkmale, dann ist die Situation unterschiedlich zu bewerten, je nachdem, ob die Korrelation positiv oder negativ ist:

<table>
<tr><th>Positive Korrelation</th><th>Negative Korrelation</th></tr>
<tr><td>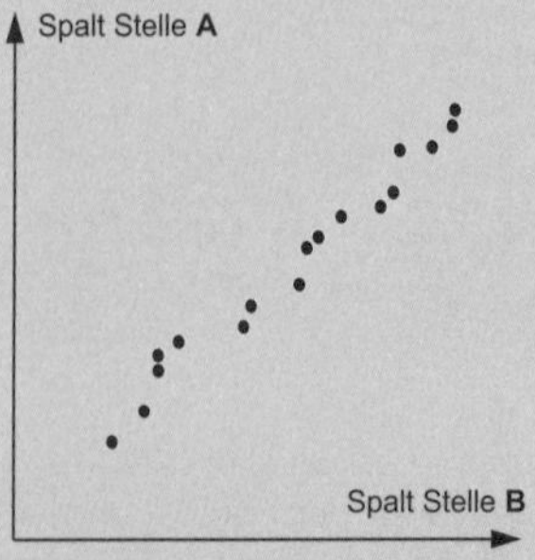

Wenn der Spalt an der Stelle B klein ist, dann ist der Spalt an der Stelle A auch klein. Wenn der Spalt an der Stelle B groß ist, dann ist der Spalt an der Stelle A auch groß. Die Ursache liegt vermutlich an der Karosserie. Die Aussparung für den Scheinwerfer ist an manchen Fahrzeugen größer und an manchen Fahrzeugen kleiner.</td><td>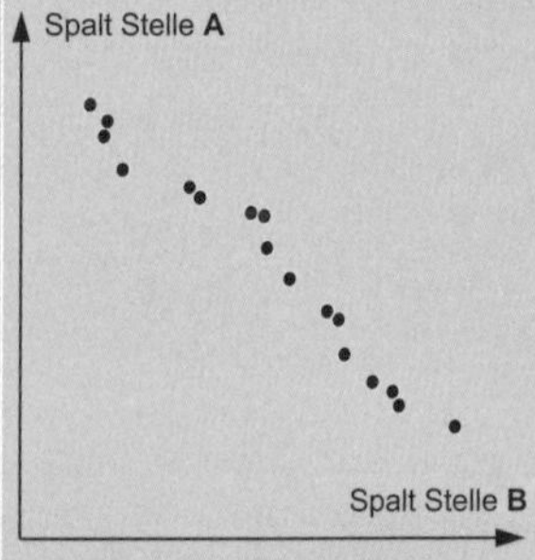

Wenn der Spalt an der Stelle B klein ist, dann ist der Spalt an der Stelle A groß. Wenn der Spalt an der Stelle B groß ist, dann ist der Spalt an der Stelle A klein. Die Ursache ist vermutlich in der Montage zu suchen. Die Scheinwerfer werden nicht mittig in der Aussparung montiert.</td></tr>
</table>

Die Stärke des Zusammenhangs der Variablen lässt sich aus der Streuung der im Korrelationsdiagramm dargestellten Punkte ableiten (siehe Bild 17).

Softwarepakete berechnen dazu auch den Korrelationskoeffizienten r. Dieser gibt an, wie gut die dargestellten Punkte durch eine Gerade beschrieben werden können. Der

Wertebereich für r reicht von –1 bis +1, wobei das Vorzeichen die Richtung der Korrelation angibt und der Wert die Stärke des Zusammenhangs beschreibt.

Als Faustregel gilt:
$|r| = 0{,}5$ bis 0,8 schwache Korrelation
$|r| > 0{,}8$ starke Korrelation

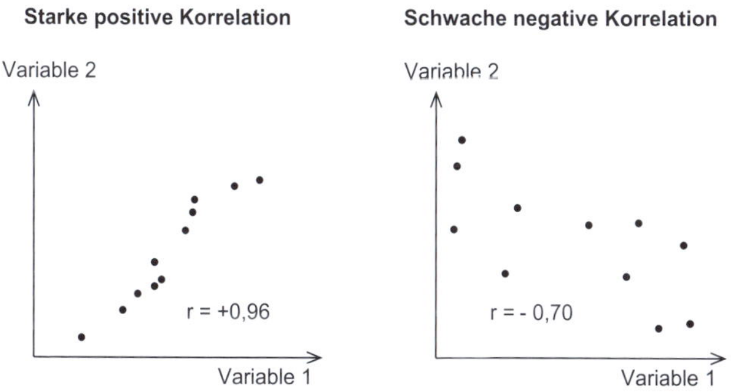

Bild 17: Beispiele für unterschiedlich starke Zusammenhänge

Zeigt sich in der grafischen Darstellung eine Korrelation, dann ist diese vom Team in jedem Fall auf Plausibilität zu prüfen. Das Vorliegen einer Korrelation alleine bedeutet noch nicht, dass zwischen den Variablen auch ein Ursache-Wirkungs-Zusammenhang (Kausalzusammenhang) besteht.

Erstellung eines Korrelationsdiagramms mit Excel

- Tragen Sie die Werte der beiden Variablen in zwei Spalten ein, wobei einander zugeordnete Werte (Wertepaare) in jeweils einer Zeile stehen müssen.
- Markieren Sie die beiden so erhaltenen Zellbereiche – diese müssen nicht zusammenhängend sein – und klicken Sie in der Registerkarte *Einfügen* auf die Schaltfläche *Punkt* (in der Gruppe *Diagramme*).

- Aus den vorgeschlagenen Optionen wählen Sie mittels Mausklick die Option *Punkte nur mit Datenpunkten.*
- Daraufhin wird das Korrelationsdiagramm ausgegeben. Die Werte der linken Spalte sind der x-Achse zugeordnet, die Werte der rechten Spalte der y-Achse.

Soll der so identifizierte Zusammenhang zur Entwicklung von Lösungsvarianten genutzt werden, muss er in einer geeigneten Form beschrieben werden. Das dazu häufig verwendete Werkzeug ist die Regressionsanalyse, die die Abhängigkeit zwischen den beiden Variablen in Form einer Modellgleichung ausdrückt.

3.16 Nutzwertanalyse

Bei der Suche nach einer Lösung für ein Problem steht das Problemlösungsteam oft vor der Aufgabe, aus mehreren Lösungsvarianten die geeignetste auswählen zu müssen. Mithilfe der Nutzwertanalyse lässt sich diese Auswahl auf eine fundierte Basis stellen.

Bei dieser Analysetechnik werden die einzelnen Lösungsvarianten einander gegenübergestellt und anhand zuvor definierter Kriterien bewertet. Als Kriterien können Hard Facts wie Realisierungsdauer, Platzbedarf oder die notwendigen Änderungen an bestehenden Einrichtungen verwendet werden. Ebenso eignen sich aber auch Soft Facts wie die Akzeptanz der Lösungsvariante durch die Mitarbeiter oder der erforderliche Lernbedarf seitens der Mitarbeiter.

Vor der eigentlichen Nutzwertanalyse werden die Bewertungskriterien gewichtet. Dies kann z. B. mithilfe des paarweisen Vergleiches zur Entscheidungsfindung (siehe Seite 80) erfolgen.

Jede Lösung wird nun bewertet, inwieweit sie die Kriterien erfüllt. Anschließend wird jede Bewertung mit der entsprechenden Gewichtung multipliziert und so der Teilnutzwert ermittelt. Die Summe aller Teilnutzwerte einer Lösung ergibt den Gesamtnutzwert, der zur Entscheidung für eine Lösungsvariante herangezogen wird.

Auswahl der Bewertungsskala

Für eine feine Abstufung bei der Bewertung kann eine Skala von 0 (Lösung erfüllt das Kriterium überhaupt nicht) bis 10 (Lösung erfüllt das Kriterium vollständig) verwendet werden.

Um langwierige Diskussionen aufgrund der feinen Differenzierung bei der Bewertung zu vermeiden, kann die zur Auswahl stehende Bewertungsskala aber auch eingeschränkt werden auf z. B. nur ungerade Zahlen oder auf die Zahlen 1, 3 und 9.

In dem in Bild 18 dargestellten Beispiel ist ersichtlich, dass die Lösungsvariante 3 nach Einschätzung des Problemlösungsteams am geeignetsten ist. Darüber hinaus kann in der Tabelle auch ein mögliches Optimierungspotenzial für die ausgewählte Lösungsvariante abgelesen werden. Dazu werden die Teilnutzwerte aller Lösungsvarianten miteinander verglichen. Falls die anderen Lösungsvarianten höhere Teilnutzwerte aufweisen als die ausgewählte Lösungsvariante, wird geprüft, ob die entsprechenden Kriterien bei dieser Lösungsvariante verbessert werden können. In diesem Beispiel wäre zu prüfen, ob Merkmale der Lösungsvariante 1 betreffend die *geringe Auswirkung auf die Austaktung* auf die Lösungsvariante 3 übertragen werden können.

Bewertungskriterien	Gewichtung [%]	Lösung 1		Lösung 2		Lösung 3	
		Bewertung	Teilnutzwert	Bewertung	Teilnutzwert	Bewertung	Teilnutzwert
rasche Realisierung	7	7	49	1	7	9	63
minimale Hardwareänderung	12	5	60	9	108	7	84
geringer Wartungsaufwand	17	9	153	3	51	9	153
geringer Platzbedarf	5	7	35	5	25	9	45
geringe Komplexität	7	5	35	5	35	3	21
geringer Lernbedarf bei Mitarbeitern	26	1	26	7	182	9	234
geringe Auswirkung auf Austaktung	26	7	182	5	130	3	78
	Gesamtnutzwert		540		538		678

Bild 18: Beispiel für eine Nutzwertanalyse

3.17 Paarweiser Vergleich zur Entscheidungsfindung

Bei der Problemlösung steht man in manchen Fällen vor der Aufgabe, viele zur Wahl stehende Kriterien in der Reihenfolge ihrer Bedeutung ordnen zu müssen. Die Methode des paarweisen Vergleiches zur Entscheidungsfindung gibt dazu eine einfache, aber effiziente Hilfestellung.

Bei dieser Methode wird eine komplexe Entscheidung zwischen vielen Möglichkeiten in mehrere einfache Entscheidungen zwischen jeweils nur zwei Möglichkeiten umgewandelt. Dabei werden die Punkte 2 (wichtiger), 1 (gleich wichtig) oder 0 (weniger wichtig) vergeben. Nachdem die einzelnen Entscheidungen getroffen wurden, werden die vergebenen Punkte addiert und es wird daraus eine entsprechende Priorisierung erstellt. Die Dokumentation der Entscheidungen inklusive Auswertung erfolgt in einer Tabelle.

Beispiel: Gewichtung von Bewertungskriterien

Ein Problemlösungsteam hat im Zuge der Bearbeitung einer Reklamation mehrere Lösungen gefunden, von denen nun die optimale ausgewählt werden soll. Die Auswahl der endgültigen Lösung wird mittels einer Nutzwertanalyse (siehe Seite 78) erfolgen. Um diese durchführen zu können, müssen Kriterien definiert werden, nach denen die einzelnen Lösungsvarianten im Zuge der Nutzwertanalyse bewertet werden können. Das Problemlösungsteam erarbeitet in einem Brainstorming (siehe Seite 49) mögliche Kriterien zur Bewertung der Lösungsvarianten. Durch Punktebewertung (siehe Seite 103) werden anschließend die wichtigsten Kriterien identifiziert. Für diese Kriterien soll nun vor dem Einsatz in der Nutzwertanalyse ihre Gewichtung ermittelt werden.

	A	B	C	D	E	F	G	H	I	J
1		rasche Realisierung	minimale Hardwareänderung	geringer Wartungsaufwand	geringer Platzbedarf	geringe Komplexität	geringer Lernbedarf bei Mitarbeitern	geringe Auswirkung auf Austaktung	**Summe Punkte**	**Anteil**
2	rasche Realisierung		0	1	0	2	0	0	**3**	**7%**
3	minimale Hardwareänderung	2		0	2	1	0	0	**5**	**12%**
4	geringer Wartungsaufwand	1	2		2	2	0	0	**7**	**17%**
5	geringer Platzbedarf	2	0	0		0	0	0	**2**	**5%**
6	geringe Komplexität	0	1	0	2		0	0	**3**	**7%**
7	geringer Lernbedarf bei Mitarbeitern	2	2	2	2	2		1	**11**	**26%**
8	geringe Auswirkung auf Austaktung	2	2	2	2	2	1		**11**	**26%**

Bild 19: Beispiel für einen paarweisen Vergleich zur Entscheidungsfindung

Die Ergebnisse aus dem Brainstorming werden in eine Tabelle übertragen und dabei sowohl in die erste Spalte als auch in die erste Zeile geschrieben (siehe Bild 19). Anschließend wird jedes Kriterium in einzelnen, paarweisen Vergleichen zeilenweise allen anderen Kriterien gegenübergestellt (Vergleich der Kriterien in Spalte A mit den Kriterien in Zeile 1) und das Problemlösungsteam entscheidet, welches der beiden Kriterien wichtiger ist:

- Wird das Kriterium in Spalte A als wichtiger erachtet, dann wird im Schnittpunkt der beiden Kriterien in dieser Zeile der Wert „2“ eingetragen.
- Ist das Kriterium in Zeile 1 wichtiger, dann wird in die entsprechende Zelle der Wert „0“ eingetragen.
- Werden beide Kriterien als gleich wichtig erachtet, so wird der Wert „1“ eingetragen.
- In die korrespondierende Zelle des linken Teils der Matrix wird der auf „2“ fehlende Betrag eingetragen.

Im dargestellten Beispiel hat das Team z. B. entschieden, dass *rasche Realisierung* weniger wichtig ist als *geringer Platzbedarf* und daher in Zelle E2 den Wert „0“ eingetragen. In die korrespondierende Zelle B5 wird der auf „2“ fehlende Betrag eingetragen (hier: der Wert „2“).

Ist dies für alle Paare geschehen, werden die Zeilensummen gebildet. Jene Kriterien mit den höchsten Zeilensummen haben die höchste Bedeutung. Der berechnete Anteil an der Gesamtsumme kann als Gewichtung in die Nutzwertanalyse übernommen werden.

3.18 Paarweiser Vergleich zur Ursachenfindung

Der paarweise Vergleich zur Ursachenfindung ist dem Komponententausch (siehe Seite 67) sehr ähnlich und dient wie dieser der Identifizierung von Problemursachen. Dabei muss das betrachtete Objekt jedoch nicht zerlegbar sein.

Das Prinzip dieser Technik ist einfach: Merkmale eines nicht funktionierenden Objekts werden mit denen eines gleichen, funktionierenden Objekts verglichen und die Unterschiede dokumentiert. Dabei können diese Merkmale beobachtbar, zählbar oder auch messbar sein. Handelt es sich um Objekte, die bereits im Einsatz waren, sollten sie gleichen Bedingungen ausgesetzt gewesen sein. Zeigt sich bei der Untersuchung mehrerer solcher Paare eine Häufung der Unterschiede bei bestimmten Merkmalen, dann stellen diese Merkmale sehr wahrscheinlich Ursachen des Problems dar. Wie beim Komponententausch kann man diese Ursachen in Hauptursachen und Nebenursachen unterteilen.

Die detaillierte Vorgehensweise wird am Beispiel der Ursachenforschung für defekte Stoßdämpfer dargestellt (in Anlehnung an *Kleppmann, W.:* Taschenbuch Versuchsplanung): Die Reklamationsrate bei einem bestimmten Stoßdämpfertyp war in den letzten Monaten signifikant gestiegen. Die Untersuchung der reklamierten Stoßdämpfer ergab vollkommene Übereinstimmung der Produkte mit den Spezifikationen. Daher wurde beschlossen, einen paarweisen Vergleich zur Ursachenfindung durchzuführen.

Vorarbeiten

Die Werkstätten wurden angewiesen, im Falle eines defekten Stoßdämpfers dieses Typs immer beide Stoßdämpfer auszutauschen. Damit wurde erreicht, dass beide Teile eines Paares denselben Bedingungen ausgesetzt waren.

Das Problemlösungsteam erstellte eine Liste jener Teilemerkmale, die das Problem verursachen könnten: Durchmesser der Öldurchlassöffnungen, Zustand der Dichtung, Viskosität des Öls, Oberflächenrauheit der Kolbenstange, Füllmenge des Öls. Natürlich kann diese Liste um Merkmale erweitert werden, die erst im Zuge der Durchführung des paarweisen Vergleiches identifiziert werden.

Durchführung

Die zuvor identifizierten Teilemerkmale wurden bei allen Teilepaaren begutachtet bzw. gemessen. Das Ergebnis wurde in einer Tabelle dokumentiert (siehe Tabelle 3).

Ein genauer Blick auf die Messdaten ergab ein überraschendes Ergebnis: Bei den schlechten Stoßdämpfern lag die Oberflächenrauheit der Kolbenstange durchgehend über 3,0 µm. Hinsichtlich der anderen Merkmale waren keine besonderen Unterschiede zwischen guten und schlechten Stoßdämpfern erkennbar.

Somit lag der Schluss nahe, dass die Spezifikationsgrenzen für die Oberflächenrauheit der Kolbenstange falsch gewählt waren. Eine Neudefinition dieser Grenzen auf maximal 3,0 µm brachte die Lösung des Problems – es wurden keine weiteren Reklamationen dieses Stoßdämpfertyps registriert.

		Durchmesser Öldurchlassöffnung	Dichtung (i.O. = nicht beschädigt n.i.O. = beschädigt)	Viskosität Öl [mPa · s] (Spezifikation: 39,4 bis 40,6)	Rauheit Kolbenstange [µm] (Spezifikation: ≤ 6)	Füllmenge [cm³] (Spezifikation: 320 bis 350)
Paar 1	Gut	2,02	i.O.	40,0	1,5	333
	Schlecht	2,01	i.O.	40,3	3,1	333
Paar 2	Gut	2,00	i.O.	40,2	2,1	336
	Schlecht	2,02	n.i.O.	40,4	3,8	332
Paar 3	Gut	2,01	n.i.O.	40,0	2,9	331
	Schlecht	1,99	n.i.O.	40,1	4,9	338
Paar 4	Gut	2,00	i.O.	39,9	1,3	338
	Schlecht	1,99	i.O.	40,0	3,2	325
Paar 5	Gut	2,01	i.O.	39,9	2,2	332
	Schlecht	2,03	n.i.O.	39,9	3,7	336
Paar 6	Gut	1,99	n.i.O.	40,4	2,9	332
	Schlecht	2,01	n.i.O.	39,5	5,9	338
Paar 7	Gut	2,00	i.O.	39,8	1,9	326
	Schlecht	2,00	n.i.O.	39,9	4,3	335
Paar 8	Gut	2,01	i.O.	39,9	1,8	324
	Schlecht	2,00	n.i.O.	39,7	4,2	339
Paar 9	Gut	1,99	i.O.	39,9	1,7	330
	Schlecht	2,02	n.i.O.	40,0	3,6	334
Paar 10	Gut	2,00	i.O.	40,1	2,7	336
	Schlecht	1,98	n.i.O.	39,9	5,7	326

Tabelle 3: Beispiel für einen paarweisen Vergleich zur Ursachenfindung

3.19 Pareto-Diagramm

Das nach dem italienischen Nationalökonomen Vilfredo Pareto benannte Pareto-Prinzip besagt, dass sich der Hauptteil der Auswirkungen aus wenigen Ursachen ergibt. Häufig spricht man auch von der 80/20-Regel, nach der etwa 80 % der Wirkung durch 20 % der Ursachen bestimmt werden.

Wie das Balkendiagramm (siehe Seite 47) stellt auch das Pareto-Diagramm die einzelnen Häufigkeiten von verschiedenen Ausprägungen qualitativer Merkmale grafisch dar. Die Anordnung der Kategorien der Merkmalsausprägungen erfolgt nach der Häufigkeit ihres Auftretens, wobei die am häufigsten auftretende Merkmalsausprägung links im Pareto-Diagramm steht. Rechts steht meistens eine Kategorie *Sonstiges*, in welcher Merkmalsausprägungen von sehr geringer Häufigkeit zusammengefasst werden. Der spezielle Nutzen des Pareto-Diagramms liegt darin, dass rasch jene Kategorien identifiziert werden können, die sehr häufig vorkommen. Dies führt zu einer raschen Unterscheidung zwischen den wenigen wichtigen (weil häufigen) und den vielen unwichtigen (weil seltenen) Kategorien.

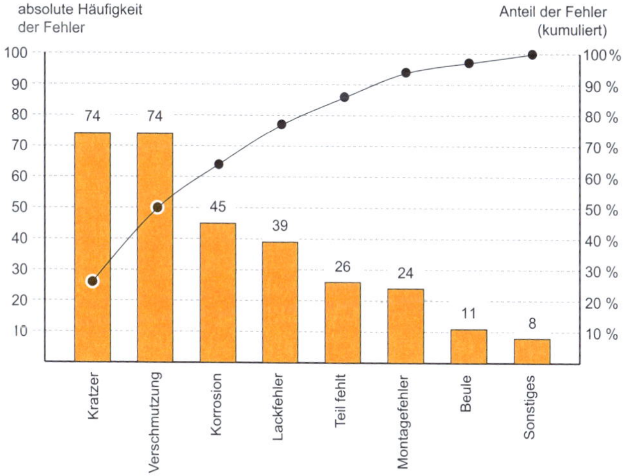

Bild 20: Beispiel für ein Pareto-Diagramm

Ein Beispiel für ein Pareto-Diagramm zeigt Bild 20. Es wurde auf Basis der Daten einer Fehlersammelkarte (siehe Bild 12 auf Seite 54) erstellt. Will man hier das Gesamtfehleraufkommen reduzieren, so kann man aus dem Pareto-Diagramm sehr rasch jene wenigen Fehlerarten herauslesen, durch deren Eliminierung der größte Erfolg zu erzielen wäre: *Kratzer* und *Verschmutzung*. Schafft man es, diese beiden Fehlerarten vollständig und nachhaltig zu beseitigen, dann hat man ca. 50 % des Gesamtfehleraufkommens eliminiert. Stehen nicht die Häufigkeiten, sondern z. B. die Kosten im Fokus, dann werden auf den Y-Achsen die durch die Fehlerart verursachten Kosten aufgetragen.

3.20 Poka Yoke

Wird in einem Problemlösungsprozess eine Korrekturmaßnahme erarbeitet, dann sollte der verbesserte Zustand möglichst robust gegen unbeabsichtigte Fehlhandlungen sein. Eine mögliche Hilfestellung bei der Entwicklung solcher Lösungen bietet Poka Yoke. Der japanische Ausdruck Poka Yoke (Poka = versehentliche Fehler, Yoke = verhindern) steht für die fehlhandlungssichere Gestaltung von Produkten und Prozessen. Entwickelt und erstmals veröffentlicht wurde das Poka-Yoke-Konzept von Shigeo Shingo (siehe *Shingo, S.:* Poka Yoke, Prinzip und Technik für eine Null-Fehler-Produktion).

Im Mittelpunkt von Poka Yoke stehen mögliche menschliche Fehlhandlungen. Ausgangsbasis ist die Überzeugung, dass unbeabsichtigte Fehlhandlungen in Prozessen, die diese zulassen, nicht vollständig vermieden werden können. Menschen machen Fehler – Unaufmerksamkeit, Versehen, Vergesslichkeit oder Missverständnisse sind einige mögliche Ursachen dafür.

Mithilfe von Poka Yoke sollen Vorkehrungen getroffen werden, damit Fehlhandlungen entweder gar nicht möglich sind oder diese bzw. durch sie verursachte Fehler unmittelbar nach dem Auftreten entdeckt werden.

Beispiele für solche Vorkehrungen sind technische Vorrichtungen wie Montagehilfen, die das falsche Einlegen von Bauteilen verhindern, oder Gestaltungsmaßnahmen an Bauteilen, die eine falsche Montage unterbinden.

Bei der Entwicklung von Poka-Yoke-Lösungen ist strukturiert vorzugehen. Dazu dient die Poka-Yoke-Systemmatrix (siehe Bild 21), mit deren Hilfe für jede Poka-Yoke-Aufgabenstellung eine Prüfmethode, ein Auslösemechanismus und ein Regulierungsmechanismus entwickelt werden. Mithilfe der Systemmatrix gelingt es, Ideen für Poka-Yoke-Lösungen zu generieren und die am besten geeignete auszuwählen.

Prüfmethode	Auslöse-mechanismus	Regulierungs-mechanismus
Fehlerquellen-prüfung	Kontaktmethode	Eingriffsmethode
Prüfung mit direktem Feedback	Konstantwert-methode	
Prüfung mit indi-rektem Feedback	Schrittfolge-methode	Warnmethode

Bild 21: Poka-Yoke-Systemmatrix

Bei regelmäßiger und konsequenter Anwendung dieser Systemmatrix entsteht eine unternehmensspezifische Beispielsammlung mit Best-Practice-Lösungen, und die Entwicklung zukünftiger Poka-Yoke-Lösungen wird vereinfacht.

3.20.1 Prüfmethode

Die Prüfmethode definiert, wann geprüft wird (vor der Fehlhandlung, während des Arbeitsschrittes oder nach dem Arbeitsschritt).

- **Fehlerquellenprüfung:** Die Fehlhandlung kann nicht ausgeführt werden oder man wird auf die beabsichtigte Fehlhandlung unmittelbar aufmerksam gemacht.
  Beispiele: Anschlag verhindert, dass Teile falsch in die Vorrichtung eingelegt werden können; geometrische Form stellt sicher, dass nur das richtige Anschlusskabel angesteckt werden kann.
- **Prüfung mit direktem Feedback (Selbstkontrolle):** Die ausgeführte Fehlhandlung bzw. der Fehler wird im Arbeitsschritt entdeckt.

Beispiele: Blechbiegemaschine öffnet erst, wenn die Biegung vollständig ausgeführt wurde (z. B. Endlage nicht erreicht); Anlage stoppt, wenn das Kegelrollenlager nicht auf Anschlag gepresst wurde (z. B. Kraft oder Weg nicht erreicht).

- **Prüfung mit indirektem Feedback (Folgekontrolle):** Die ausgeführte Fehlhandlung bzw. der Fehler wird beim Übergang in den nächsten Arbeitsschritt entdeckt.
  Beispiele: Unvollständig montierte Baugruppen können nicht auf Transportgebinde abgelegt werden; fehlerhafte Produkte werden auf Teilerutsche aussortiert.

3.20.2 Auslösemechanismus

Der Auslösemechanismus gibt an, wie die Prüfung erfolgt. Er beschreibt die Methode, mit der die Fehlhandlung bzw. der Fehler entdeckt wird.

- **Kontaktmethode:** Die Fehlhandlung bzw. der Fehler wird mithilfe physikalischer Größen (z. B. Geometrie, Gewicht, Temperatur) erkannt. Dies erfolgt durch physischen Kontakt oder mittels sensorgestützter Einrichtungen.
  Beispiele: Geometrische Ausführung der Bauteile lässt eine falsche Montage nicht zu; geometrische Ausführung der Vorrichtung stellt sicher, dass Teile nicht falsch eingelegt werden können.
- **Konstantwertmethode:** Die Fehlhandlung bzw. der Fehler wird durch die falsche Anzahl an Handlungen erkannt.
  Beispiele: Anzahl der Schweißpunkte wird von der Anlage gezählt und überwacht; notwendige Anzahl der Schrauben wird am Arbeitsplatz abgezählt bereitgestellt.
- **Schrittfolgemethode:** Die Fehlhandlung bzw. der Fehler wird durch die falsche Reihenfolge der Handlungen erkannt.

Beispiele: Werkzeuge und Vorrichtungen an einer Montagestation funktionieren nur, wenn eine vorgegebene Reihenfolge eingehalten wird; Material wird in der Reihenfolge der Verwendung zugeteilt.

3.20.3 Regulierungsmechanismus

Der Regulierungsmechanismus beschreibt die Konsequenz eines negativen Prüfergebnisses.

- **Eingriffsmethode:** Der Arbeitsgang wird gestoppt oder unmöglich gemacht.
  Beispiele: Maschinenstart ist blockiert, solange das Teil nicht korrekt gespannt ist; Anlage wird gestoppt, wenn ein Arbeitsgang nicht vollständig ausgeführt ist.
- **Warnmethode:** Der Mitarbeiter wird auf den Fehler/die Fehlhandlung aufmerksam gemacht.
  Beispiele: Signal weist auf die Weitergabe einer falschen Menge oder die Entnahme des falschen Teiles hin.

Falsche Montage eines Deckels
In einem Montageprozess wurde ein Deckel falsch ausgerichtet auf das Gehäuse montiert. Die Schraubenteilung von sechsmal 60° hat dies zugelassen (siehe linker Teil von Bild 22). In der Folge war die Ölablassschraube an der falschen Position.
Mithilfe der Poka-Yoke-Systemmatrix wurden mehrere Lösungen erarbeitet. Ausgewählt wurde schließlich die im rechten Teil von Bild 22 dargestellte Lösung. Die Schraubenteilung wurde im oberen Bereich des Deckels geändert.

- Prüfmethode *Prüfung mit direktem Feedback*: Der Mitarbeiter erkennt, dass er den Deckel falsch ausgerichtet angesetzt hat, da er nicht alle Schrauben verschrauben kann.

- Auslösemechanismus *Kontaktmethode*: Der Mitarbeiter wird durch die nicht übereinstimmende Geometrie der Bohrungen auf die Fehlhandlung aufmerksam gemacht.
- Regulierungsmechanismus *Eingriffsmethode*: Die weitere Ausführung des Arbeitsschrittes wird unmöglich gemacht.

Noch besser wäre es, wenn der Deckel erst gar nicht falsch ausgerichtet aufgesetzt werden könnte (z. B. durch eine Rastnase). In diesem Fall würde es sich um eine *Fehlerquellenprüfung* handeln.

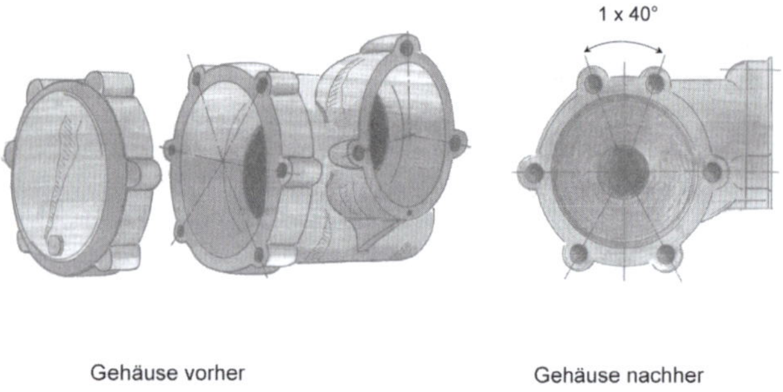

Bild 22: Poka-Yoke-Lösung für Beispiel Deckelmontage

Prüfmethode		Auslösemechanismus		Regulierungsmechanismus	
Fehlerquellenprüfung		Kontaktmethode	X	Eingriffsmethode	X
Prüfung mit direktem Feedback	X	Konstantwertmethode			
Prüfung mit indirektem Feedback		Schrittfolgemethode		Warnmethode	

Bild 23: Poka-Yoke-Systemmatrix für Beispiel Deckelmontage

3.21 Prozessablaufdiagramm

Das Prozessablaufdiagramm dient der grafischen Darstellung eines Prozesses in übersichtlicher und leicht erfassbarer Form. Unternehmensintern sollten Prozessablaufdiagramme mithilfe einer einheitlichen Symbolik (z. B. wie in Bild 24) dargestellt werden.

Der Einsatz im Problemlösungsprozess ist vielfältig und beginnt in der Regel bei der Suche nach möglichen Problemursachen. Hier macht sich das Problemlösungsteam zum ersten Mal ein umfassendes Bild vom betroffenen Prozess. Die Darstellung des realen Prozesses in Form eines Ablaufdiagramms sorgt für ein einheitliches Verständnis für den Prozess und liefert erste wichtige Hinweise bezüglich möglicher Fehlerursachen.

Bei der Erstellung eines Prozessablaufdiagramms sollte der Prozess immer auch vor Ort beobachtet werden. Nur so ist gewährleistet, dass der dargestellte Prozessablauf tatsächlich die Realität widerspiegelt. Während der gesamten weiteren Problemlösungsarbeit stellt dieser Prozessablauf eine wichtige Orientierungshilfe für das Team dar und kann sowohl bei der Definition von Korrekturmaßnahmen, bei der Festlegung von Maßnahmen zur Wirksamkeitsprüfung als auch bei der organisatorischen Verankerung der Problemlösung wertvolle Dienste leisten. Der Detaillierungsgrad der Darstellung kann anfänglich grob sein und im Zuge der fortschreitenden Problemlösung zunehmen.

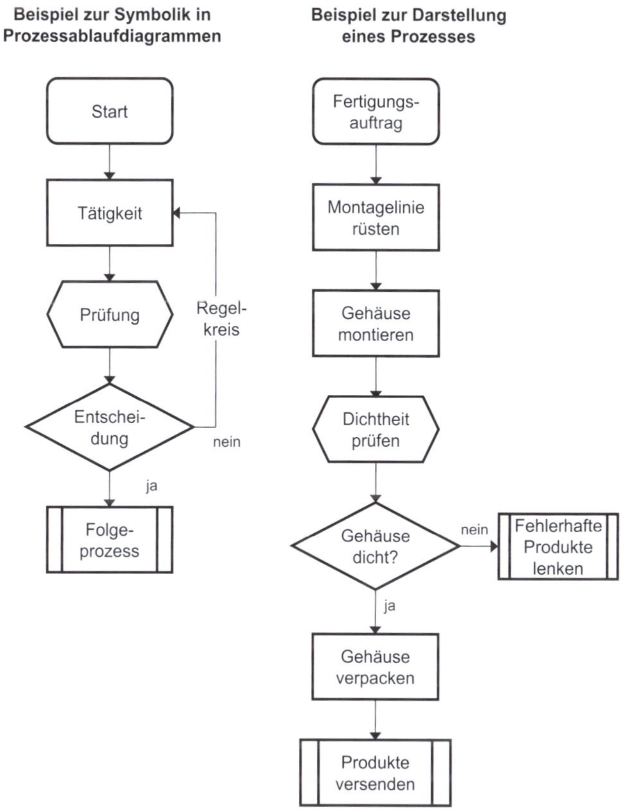

Bild 24: Beispiel für ein Prozessablaufdiagramm

3.22 Prozessfähigkeitsuntersuchung

Im Allgemeinen wird mit der Untersuchung der Prozessfähigkeit nachgewiesen, dass der Prozess die Vorgaben des Kunden erfüllt. In einem Problemlösungsprozess überprüft man damit die Korrekturmaßnahmen auf ihre Wirksamkeit. Dies kann abhängig von der Art des untersuchten Merkmals in unterschiedlicher Form erfolgen.

Die ppm-Rate als Kennwert für beobachtbare Merkmale

Wird die Wirksamkeit einer Korrekturmaßnahme anhand beobachtbarer (z. B. glänzende bzw. matte Oberfläche) Merkmale beurteilt, ist oft die ppm-Rate die eingesetzte Kenngröße. *ppm* steht dabei für *parts per million* und drückt den hochgerechneten Anteil defekter Einheiten in einer Million Einheiten aus. Die ppm-Rate wird wie folgt berechnet:

$$\text{ppm-Rate} = \frac{\text{Anzahl der defekten Einheiten}}{\text{Anzahl der Einheiten}} \cdot 1.000.000$$

Die Prozessfähigkeitsindizes als Kennwerte für messbare Merkmale

Bei messbaren Merkmalen erfolgt die Angabe der Güte des Prozesses in der Regel mittels Prozessfähigkeitsindizes. Diese Indizes bringen zunächst zum Ausdruck, wie gut die Verteilung der Messwerte innerhalb der Spezifikationsgrenzen liegt. Daraus lässt sich direkt ein Fehleranteil ermitteln, sodass die Prozessfähigkeitsindizes in weiterer Folge als Maß für den zu erwartenden Fehleranteil dienen.

Nachfolgend werden die Prozessfähigkeitsindizes ausgehend von normalverteilten Merkmalswerten erläutert. In der Literatur und in den Normen ist dargestellt, wie das Vorgehen auf andere Verteilungsformen übertragen werden kann.

Bevor die Prozessfähigkeitsindizes ermittelt werden, muss die Stabilität des Prozesses nachgewiesen werden, denn dies ist die Voraussetzung für die Gültigkeit der Indizes. Das bedeutet, dass Form, Lage und Streuung der Verteilung der Merkmalswerte vorhersagbar sind. Die Stabilität eines Prozesses wird unter anderem mittels Prozessregelkarten (siehe Seite 99) beurteilt.

Die Güte des Prozesses wird mithilfe der potenziellen Prozessfähigkeit c_p und der kritischen Prozessfähigkeit c_{pk} angegeben (siehe auch Bild 25). Die potenzielle Prozessfähigkeit c_p gibt an, wie sich die Toleranz zur Prozessstreubreite verhält. Nachdem die Normalverteilung scheinbar bei ± 3σ die x-Achse berührt, wird ein Intervall von 6σ (entspricht ± 3σ) als Prozessstreubreite angenommen. Damit gibt die potenzielle Prozessfähigkeit an, wie gut die Verteilung der Messwerte in die Toleranz hineinpasst.

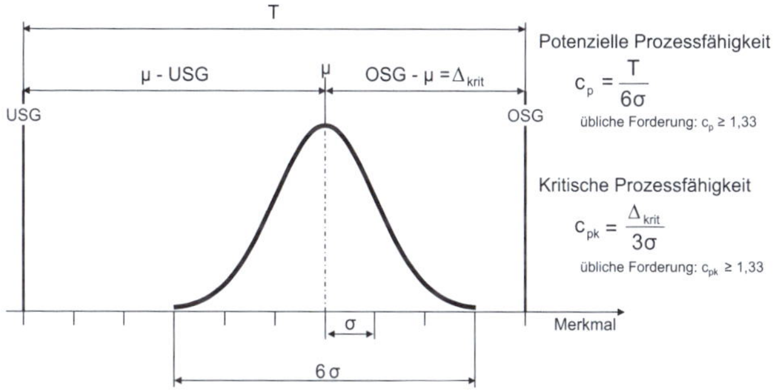

Legende:

μ … Mittelwert

σ … Standardabweichung

USG … untere Spezifikationsgrenze

OSG … obere Spezifikationsgrenze

Toleranz: $T = OSG - USG$

$\Delta_{krit} = \min\{\mu - USG; OSG - \mu\}$

Bild 25: Ermittlung der Prozessfähigkeitsindizes

Die potenzielle Prozessfähigkeit berücksichtigt ausschließlich die Streuung der betrachteten Merkmalswerte. Der tatsächliche Fehleranteil eines Prozesses hängt aber auch von der Lage der Merkmalswerte im Vergleich zu den Spezifikationsgrenzen ab. Daher wurde als zweiter Index die kritische Prozessfähigkeit c_{pk} eingeführt. c_{pk} berücksichtigt auch die Lage der Merkmalswerte und ist maßgeblich für den Fehleranteil. Dieser entspricht dem Überschreitungsanteil (Fläche unter der Glockenkurve außerhalb der Spezifikationsgrenzen) und lässt sich mithilfe der Normalverteilung berechnen.

Liegt der Mittelwert in oder nahe der Mitte der Toleranz, sind die beiden Indizes c_p und c_{pk} etwa gleich groß. Ist der Index c_p größer als der Index c_{pk}, dann liegt der Mittelwert nicht im Zentrum der Toleranz.

In diesem Fall lässt sich die kritische Prozessfähigkeit durch die Verschiebung der Lage in die Mitte der Toleranz auf den Wert der potenziellen Prozessfähigkeit verbessern, ohne dass die Streuung reduziert werden müsste.

Mit einer Verschiebung der Prozesslage in Richtung Spezifikationsgrenze wird der kritische Prozessfähigkeitsindex immer kleiner. Liegt der Mittelwert genau auf einer Spezifikationsgrenze, dann gilt $\Delta_{krit.} = 0$ und $c_{pk} = 0$. Die potenzielle Prozessfähigkeit c_p wird durch diese Lageverschiebung nicht verändert.

Bild 26 zeigt sechs Beispiele für Prozesszustände. Dabei geben die Teilstriche die Standardabweichungen an. Für jedes Beispiel sind die Prozessfähigkeitsindizes und der zu erwartende Fehleranteil angegeben. Letzterer lässt sich auf Basis der Normalverteilung einfach ermitteln.

Detailliertere Informationen zu diesem Thema finden Sie in *Dietrich, E.; Schulze, A.:* Statistische Verfahren zur Maschinen- und Prozessqualifikation.

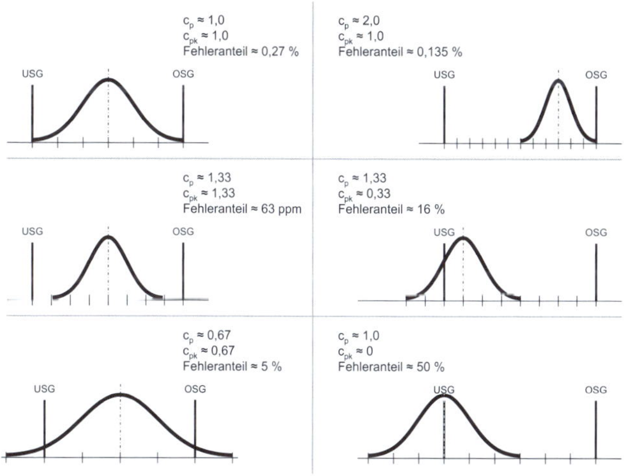

Bild 26: Beispiele für verschiedene Prozesszustände

3.23 Prozessregelkarte

Nachdem das Team eine Lösung für ein Problem gefunden und deren Wirksamkeit nachgewiesen hat, ist die Lösung in der Organisation zu verankern und aufrechtzuerhalten. Häufig werden dazu ausgewählte Merkmale mithilfe von Prozessregelkarten geregelt. Dazu werden in regelmäßigen Zeitabständen Stichproben aus dem Prozess entnommen. Die Teile werden vermessen und die Messwerte in die Regelkarte eingetragen. Ein Beispiel für eine einfache Regelkarte zeigt Bild 27. Sie ist dem Verlaufsdiagramm (siehe Seite 110) ähnlich und enthält zusätzlich noch eine Mittellinie und eine obere und untere Eingriffsgrenze. Die Eingriffsgrenzen umschließen ein Intervall, in dem im Falle eines ungestörten

Prozesses die Ergebnisse einer Stichprobe mit einer bestimmten, sehr hohen Wahrscheinlichkeit liegen werden. Stichprobenergebnisse innerhalb der Eingriffsgrenzen lassen vermuten, dass der Prozess nach wie vor im ursprünglichen, ungestörten Zustand ist. Stichprobenergebnisse außerhalb der Eingriffsgrenzen weisen auf Veränderungen im Prozess hin. Darüber hinaus kann auch ein außergewöhnliches Muster im Werteverlauf (siehe auch Bild 32) einen Hinweis auf Änderungen im Prozess geben, auch wenn die Stichprobenergebnisse innerhalb der Eingriffsgrenzen liegen.

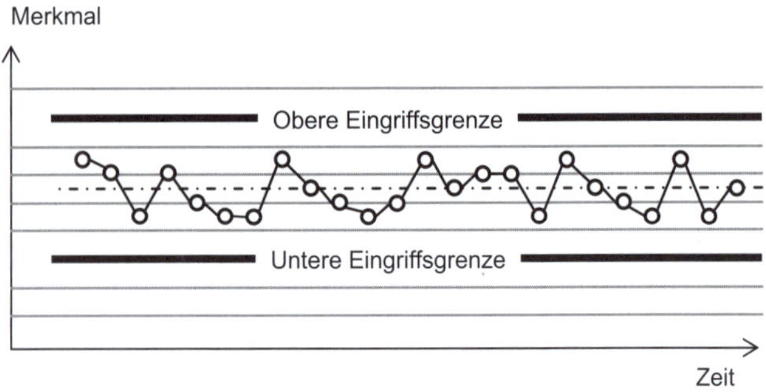

Bild 27: Beispiel für eine Regelkarte

Regelkarten werden damit zu einem wichtigen Werkzeug, um Prozessverbesserungen nachhaltig aufrechtzuerhalten. Mit ihrer Hilfe wird es möglich, Änderungen bzw. Störungen am Prozess zu erkennen, bevor noch Toleranzüberschreitungen auftreten.

Detailliertere Informationen dazu finden Sie beispielsweise in *Dietrich, E.; Schulze, A.:* Statistische Verfahren zur Maschinen- und Prozessqualifikation und *Wappis, J.; Jung, B.:* Null-Fehler-Management.

3.24 Prüfplan/Control Plan

In einem Prüfplan werden die Art und die Häufigkeit aller Prüfungen innerhalb eines Prozesses dargestellt. Werden im Rahmen der Festlegung von Sofortmaßnahmen zusätzliche bzw. geänderte Prüfungen vereinbart, so sind auch die entsprechenden Prüfpläne zu adaptieren. Häufig erfolgt dies in Form eines interimistischen Prüfplans. Mit der Verankerung der Korrekturmaßnahmen werden diese vorübergehend eingeführten Prüfmaßnahmen wieder durch die regulären Prüfmaßnahmen abgelöst.

In der Automobilindustrie werden als Synonyme für den Begriff *Prüfplan* die Begriffe *Control Plan* (siehe Bild 28) bzw. *Produktionslenkungsplan* verwendet. Es soll damit unterstrichen werden, dass es sich bei Prüfungen nicht nur um Kontrollen handelt, sondern dass es vor allem auch um die Lenkung von Herstellprozessen geht. Ein solcher Prüfplan beschreibt neben der Prüfung von Produktmerkmalen auch die Prüfung von Prozessmerkmalen und das Vorgehen beim Auftreten von Abweichungen. Darüber hinaus ist der Prüfplan prozessabschnittsübergreifend zu erstellen. Damit wird der internen Kundenorientierung Rechnung getragen.

Control Plan	Prototyp Vorserie X Serie	**Arbeitsgang-Nummer** 50	**erstellt / geändert** R. Schwarz	**Datum** 03.04.20xx	Muster GmbH
Teilenummer / Änderungsstand 215-352-443 / c		**Arbeitsgang-Benennung** Härten	**Team** W. Müller, F. Maier, R. Huber, W. Binder		
Teile-Benennung Antriebswelle links		**Maschine, Vorrichtung, Werkzeug** Härtemaschine Inv-Nr.: HM_345	**freigegeben** C. Egger	**Datum** 03.04.20xx	

Nr.	Produkt-merkmal	Prozess-merkmal	Spezifikation / Toleranz	Bedeutung aus FMEA	Prüfmittel (Inv.-Nr.)	Prüfung: Fest-legung	Prüfung: Durch-führung	Prüfschärfe: Umfang	Prüfschärfe: Häufig-keit	Dokumentation	Maßnahmen, wenn Vorgaben nicht erfüllt sind
1	Oberflächen-härte		60 – 63 HRC	7	Universal-Härteprüfgerät PM_HPG_17	Prozess-planer	Anlagen-bediener	1 Teil	pro Gebinde	Regelkarte FO_018	Korrektur lt. Arbeits-anweisung AA 17
2	Einhärtetiefe		0,5 – 0,9 mm	7	Schliffprüfung	Prozess-planer	Werkstoff-labor	5 Teile	pro Härtelos	Laborbericht WT_22	Korrektur lt. Arbeits-anweisung AA 17
3		Kohlenstoff-gehalt	0,9 – 1%		Überwachung durch Anlage	Prozess-planer		laufend		mit Betriebsdaten in Anlage	Korrektur lt. Arbeits-anweisung AA 22
4		Temperatur von Ölbad	90 – 100°C		Überwachung durch Anlage	Prozess-planer		laufend		mit Betriebsdaten in Anlage	Korrektur lt. Arbeits-anweisung AA 28
5											

Bild 28: Beispiel für einen Control Plan

3.25 Punktebewertung

Soll z. B. im Zuge eines Brainstormings (siehe Seite 49) entschieden werden, welche der gesammelten Ideen (z. B. mögliche Ursachen für ein Problem oder mögliche Maßnahmen zur Optimierung eines Prozesses) die wichtigsten sind, kann dies relativ einfach mithilfe einer Punktebewertung durchgeführt werden. Nachdem diese Bewertung durch ein Team erfolgt, ist gewährleistet, dass nicht die Meinung einer einzelnen Person ausschlaggebend ist, sondern die Reihung nach Wichtigkeit auf Basis der Meinung aller Teilnehmer getroffen wird.

Die Teilnehmer erhalten eine jeweils gleiche Anzahl an zu vergebenden Punkten, die sie auf die zur Auswahl stehenden Ideen verteilen. Die Vergabe der Punkte richtet sich nach der persönlichen Einschätzung jedes Teilnehmers: Jene Ideen, die der Teilnehmer als wichtig erachtet, erhalten mehr Punkte, Ideen, die der Teilnehmer als weniger wichtig einschätzt, erhalten weniger bzw. keine Punkte.

Die Anzahl der zu vergebenden Punkte ist durch den Moderator frei wählbar. Als Faustregel hat sich die halbe Anzahl der zur Auswahl stehenden Ideen bewährt, wobei jedoch eine Obergrenze (z. B. 20 Punkte pro Teilnehmer) beachtet werden sollte, um Unterschiede in der Wichtigkeit nicht verschwimmen zu lassen und die Bewertung zeitlich nicht zu sehr in die Länge zu ziehen.

Soll vermieden werden, dass die Bewertung durch die Vergabe von übermäßig vielen Punkten an eine einzelne Idee durch einen einzelnen Teilnehmer verzerrt wird, kann durch den Moderator eine bestimmte maximal zu vergebende Punkteanzahl pro Idee festgelegt werden. Zum Beispiel erhält jeder Teilnehmer 18 Punkte, darf aber an eine einzelne Idee höchstens zwei Punkte vergeben.

Nachdem alle Teilnehmer ihre Bewertung abgeschlossen haben, wird für jede Idee die Summe der vergebenen Punkte ermittelt. Die Anzahl der Punkte ist ein Maß für die Bedeutung der einzelnen Idee aus der Sicht des Teams und kann direkt oder auch als Prozentanteil weiterverwendet werden. Die Punkteanzahl kann z. B. als Gewichtung in eine Nutzwertanalyse (siehe Seite 78) einfließen oder in einfacher Form zur Reihung der Ideen für die weitere Bearbeitung dienen. In diesem Fall würde man z. B. die als wichtig erachteten möglichen Ursachen mit dem Werkzeug Fünfmal „Warum?“ (siehe Seite 59) tiefergehend analysieren.

Eine weitere Methode zur Priorisierung ist der paarweise Vergleich zur Entscheidungsfindung (siehe Seite 80).

3.26 Qualifikationsmatrix

Die Qualifikationsmatrix gibt eine Übersicht über die notwendige und bestehende Personalqualifikation eines Bereiches bzw. eines Unternehmens.

Bild 29 zeigt eine Qualifikationsmatrix mit den geplanten Qualifikationen pro Mitarbeiter und dem entsprechenden Erfüllungsgrad, gruppiert nach mehreren Themenbereichen. Daraus ist rasch ablesbar, wie viele Mitarbeiter zu einzelnen Themen(gebieten) qualifiziert sind und welche weiteren Schulungen erforderlich sind.

Die Qualifikationsmatrix dient zunächst der arbeitsplatzbezogenen Planung der erforderlichen Mitarbeiterqualifikation. Sie bildet in weiterer Folge die Basis für die Entwicklung und Umsetzung eines zweckmäßigen Qualifizierungsprogramms. Im laufenden Betrieb wird mithilfe der Qualifikationsmatrix sichergestellt, dass an den Arbeitsplätzen nur geeignet qualifizierte Mitarbeiter eingesetzt werden.

Umfasst die organisatorische Verankerung einer Korrekturmaßnahme auch die Schulung bestehender bzw. neu eintretender Mitarbeiter zu dem betreffenden Prozess, ist die Qualifikationsmatrix entsprechend zu aktualisieren.

	Mitarbeiter 1	Mitarbeiter 2	Mitarbeiter 3	Mitarbeiter 4	Mitarbeiter 5
BASIS-TRAINING	○	○	○	○	●
- Unternehmensorganisation	○	○	○	○	●
- Dokumente am Arbeitsplatz	●	●	●	●	●
- Grundlagen des Qualitätsmanagements	○	○	○	○	●
- Handhabung von Regelkarten	○	●	○	○	●
- Handhabung von Prüf- und Messmitteln	○	●	○	○	●
- Abfallwirtschaft / Umweltschutz	○	○	○	○	●
Erfüllungsgrad BASIS-TRAINING	17%	50%	17%	17%	100%
SICHERHEITS-TRAINING	●	●	●	●	●
- Sicherheit am Arbeitsplatz	●	●	●	●	●
- Werkssicherheit / Brandschutz	●	●	●	●	●
Erfüllungsgrad SICHERHEITS-TRAINING	100%	100%	100%	100%	100%
GRUPPENARBEITS-TRAINING	○	○	○	○	○
- Zusammenarbeit im Team	○	○	○	○	○
- Problemlösungstechniken	○	○	○	○	○
- Moderationstechnik	○	○	○	○	○
Erfüllungsgrad GRUPPENARBEITS-TRAINING	0%	0%	0%	0%	0%
TECHNOLOGIE-TRAINING	○	●	○	○	○
- Drehmaschine Typ 1		●		○	●
- Drehmaschine Typ 2		●		○	●
- Messstation Typ 1					○
- Maschinensteuerung Typ 1				○	●
- Maschinensteuerung Typ 2				○	●
Erfüllungsgrad TECHNOLOGIE-TRAINING	0%	100%	0%	0%	80%
TRAINING GESAMT	○	○	○	○	○
Erfüllungsgrad TRAINING GESAMT	27%	54%	27%	20%	75%

Bild 29: Beispiel für eine Qualifikationsmatrix

3.27 Statistische Versuchsplanung

Bei der Problemlösung stößt man auch auf Prozesse, bei denen die zu optimierenden Zielgrößen durch eine Vielzahl von Einflussgrößen bestimmt werden. Dies ist z. B. bei Schweißprozessen der Fall. Die wichtige Zielgröße *Nahthöhe* wird durch zahlreiche Einflussgrößen, wie z. B. Stromstärke, Spannung, Vorschub, Art des Schutzgases, Art der Nahtvorbereitung und Typ des Schweißdrahtes, bestimmt. Diese Einflussgrößen wirken sich aber auch auf weitere Zielgrößen, wie z. B. Rissfreiheit der Naht und Herstellkosten, aus. Erschwerend kommt hinzu, dass die Wirkungen auch gegenläufig sein können: Eine Änderung, die sich auf die eine Zielgröße positiv auswirkt, wirkt sich auf eine andere Zielgröße negativ aus.

Zur Optimierung solcher Prozesse ist es notwendig, die Zusammenhänge zwischen den Einflussgrößen und den Zielgrößen zu ermitteln und in Form eines Modells zu beschreiben. Die wohl schlagkräftigste Methode für solche Aufgabenstellungen ist die statistische Versuchsplanung.

Im Zentrum dieser Methode stehen systematisch erstellte Versuchspläne, die eine Reihe von Einzelversuchen mit bewusst geänderten Einstellungen ausgewählter Einflussgrößen enthalten. Nach der Durchführung der Versuche werden die Ergebnisse auf vielfältige Weise ausgewertet und dargestellt. Daraus wird schließlich ein Modell erstellt, das die Zusammenhänge im Prozess beschreibt.

Statistiksoftwarepakete unterstützen den Anwender bei der Erstellung und Analyse von Versuchsplänen. Sie entlasten ihn von der Rechenarbeit, sodass er sich auf die Interpretation von Kennzahlen und Grafiken konzentrieren kann. Anwendern wird es dadurch sehr viel leichter gemacht, Zusammenhänge im Prozess zu verstehen. Bild 30 zeigt beispielsweise anschaulich den Zusammenhang zwischen zwei Einflussgrößen (Leistung, Geschwindigkeit) und einer Zielgröße (Höhe des Schneidgrates) für einen Laserschneidprozess.

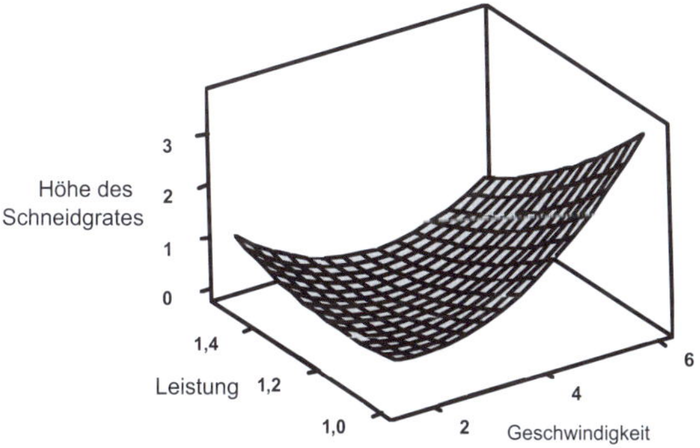

Bild 30: Beispiel für ein Wirkungsflächendiagramm (aus Minitab)

Diese einfache Form der Erstellung und Auswertung von Versuchsplänen ermöglicht es auch statistisch weniger versierten Praktikern, Prozesse auf diese Weise zu analysieren.

Detailliertere Informationen zu diesem Thema finden Sie in *Kleppmann, W.:* Versuchsplanung und *Wappis, J.; Jung, B.:* Null-Fehler-Management.

3.28 Ursache-Wirkungs-Diagramm

Sobald man im Team über mögliche Einflussgrößen auf ein Problem nachdenkt, kommt man schnell in eine Größenordnung von 20 bis 50 möglichen Einflussfaktoren. Um eine Struktur in die Diskussion zu bringen, ist es notwendig, die Diskussionsbeiträge systematisiert und für alle sichtbar festzuhalten. Eine übersichtliche Möglichkeit zur Darstellung der Ursache-Wirkungs-Beziehungen bietet das Ursache-Wirkungs-Diagramm, das wegen seines Entwicklers oft auch als Ishikawa-Diagramm bezeichnet wird. Aufgrund seines Aussehens wird es auch häufig Fischgräten-Diagramm (fishbone diagram) genannt.

Das Ursache-Wirkungs-Diagramm ist eine Abbildung der möglichen Ursachen für ein Problem. Es stellt immer den aktuellen Wissensstand des Teams dar. Zu Beginn der Ursachenanalyse ist man sich noch nicht sicher, ob die darin angeführten Einflussfaktoren auch tatsächlich einen Einfluss haben (und wie groß er ist, wenn vorhanden). Zum Beispiel wird man schrittweise mithilfe von grafischen Analyseverfahren oder Versuchen Ursachen ausschließen bzw. bestätigen. Die auf Basis von Erfahrungen und Meinungen erstellten Inhalte werden so nach und nach durch Inhalte auf Basis von nachgewiesenen Zusammenhängen ersetzt – dokumentiertes Wissen über den Prozess entsteht.

Bild 31 zeigt ein Beispiel für das Ursache-Wirkungs-Diagramm. Das Problem bzw. die Wirkung bildet den Kopf des Fisches. An diesen werden Gruppen von Ursachen angebunden. Die Kategorien für diese Gruppen gehen häufig aus der Struktur des zu untersuchenden Problems hervor. Wenn dies nicht so ist, dann ist auch eine Kategorisierung nach den 5 M (Mensch, Maschine, Material, Methode, Mitwelt) oder nach den 6 M (5 M plus Messung) möglich. Zu den Hauptursachen werden Unterursachen ergänzt und durch immer kleinere „Gräten" verbunden.

Die so identifizierten möglichen Ursachen könnten für ein weiteres zielgerichtetes Vorgehen mithilfe der Punktebewertung (siehe Seite 103) priorisiert und mit Hilfe der Methode *Fünfmal „Warum?"* (siehe Seite 59) tiefergehend analysiert werden.

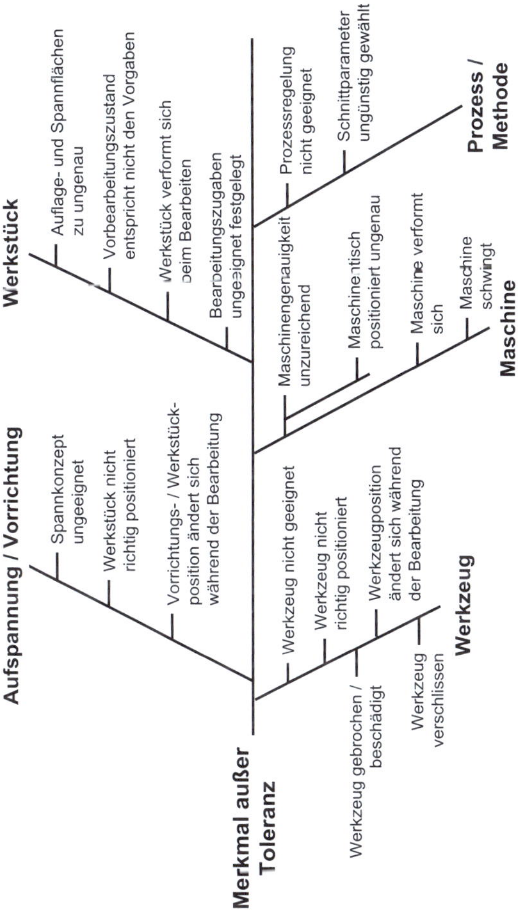

Bild 31: Beispiel für ein Ursache-Wirkungs-Diagramm für die mechanische Bearbeitung

Eine Alternative zur Visualisierung möglicher Problemursachen bzw. von Ideen zu möglichen Lösungsansätzen ist die Mindmap, die ähnlich dem Ursache-Wirkungs-Diagramm die Inhalte strukturiert darstellt (siehe auch *Kamiske, G. F. (Hrsg.):* Qualitätstechniken für Ingenieure).

3.29 Verlaufsdiagramm

Dieses Diagramm stellt, wie auch die Prozessregelkarte (siehe Seite 99), den zeitlichen Verlauf von Messwerten dar. Dazu werden die Werte in der Reihenfolge ihres zeitlichen Auftretens eingetragen. Ein möglicher Anwendungsbereich des Verlaufsdiagramms ist der Nachweis der Wirksamkeit von Sofortmaßnahmen. Ebenso hilfreich ist das Verlaufsdiagramm bei der Ursachenanalyse: Ähnlich wie bei der Prozessregelkarte können die verschiedenen Datenmuster Hinweise auf mögliche Ursachen eines Problems geben.

Beispiele für häufig vorkommende Werteverläufe, die einen solchen Hinweis geben, sind in Bild 32 dargestellt:

- **Trend:** Die Tendenz des Werteverlaufs ist ansteigend oder abfallend. Dies wird z.B. durch Abnutzung eines Werkzeuges verursacht.
- **Lageverschiebung:** Darunter versteht man die plötzliche Änderung des Mittelwertes. Dies wird z.B. durch den Einsatz einer anderen Materialcharge mit anderen Eigenschaften verursacht.
- **Zyklus** bzw. **Sägezahnprofil:** periodisch wiederkehrender Werteverlauf; dies wird z.B. durch regelmäßiges Nachstellen der Maschine (kurz- bis mittelfristig) oder durch saisonale Einflüsse (langfristig) verursacht.

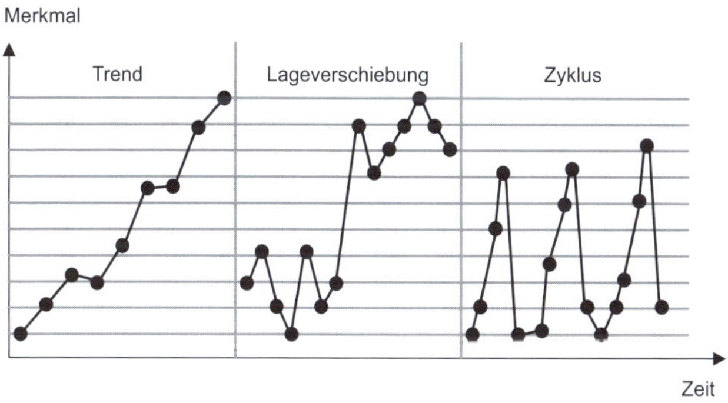

Bild 32: Beispiele für Werteverläufe

In Verlaufsdiagrammen werden die Messwerte meist als Punkte dargestellt und, wie auch in Bild 32 ersichtlich, zur leichteren Erkennbarkeit von Auffälligkeiten durch Linien verbunden.

Die Praxis zeigt, dass die notwendigen Daten zur Identifikation der Ursachen in den Unternehmen häufig schon vorliegen. Oft ist es ausreichend, diese entsprechend ihrem zeitlichen Auftreten darzustellen und auf Auffälligkeiten zu prüfen. Dazu ist das Verlaufsdiagramm ein äußerst nützliches Werkzeug.

4 Organisatorische Verankerung

Für eine wirkungsvolle Umsetzung von 8D im Unternehmen sind die erforderlichen Rahmenbedingungen zu schaffen. In diesem Abschnitt werden einige wesentliche Aspekte dazu beleuchtet.

4.1 Verankerung in der Aufbau- und Ablauforganisation

Die im Buch dargestellte 8D-Roadmap zeigt zugeordnet zu den einzelnen Schritten wesentliche Hauptaufgaben und Ergebnisse (siehe Bild 3). Der zeitliche Ablauf des Vorgehensmodells nach 8D (siehe Bild 6) bildet mit den einzelnen Schritten in Zusammenhang stehende wichtige Meilensteine ab. Die Roadmap und der zeitliche Ablauf sind eine wichtige Grundlage für die Problemlösungsarbeit. Darüber hinaus sind die Rollen und Abläufe im Problemlösungsprozess zu beschreiben. Werkzeuge wie Formblätter und Datenbanken sind bereitzustellen. Kennzahlen zur Beurteilung der Güte der Problemlösungsarbeit müssen etabliert werden.

Rollen im 8D-Prozess

Für eine nachhaltige Verankerung des Problemlösungsprozesses in der Organisation sind die Rollen und die damit verbundenen Aufgaben klar festzulegen. Tabelle 4 stellt Beispiele für wichtige Rollen dar.

Tabelle 4: Beispiele für wichtige Rollen im Problemlösungsprozess

Rolle	Aufgabe
Problemerfasser *Mitarbeiter, der das Problem erfasst*	▸ erfasst das Problem ▸ identifiziert den Problemlösungssponsor
Problemlösungssponsor *Leiter des Bereiches, der die Lösung des Problems unternehmensintern sicherstellen soll (muss nicht der Verursacher sein)*	▸ übernimmt die Verantwortung für die nachhaltige Beseitigung des Problems ▸ beauftragt den Teamleiter mit der Problemlösung ▸ macht sich für die Problemlösung stark, stellt die Ressourcen zur Verfügung und beseitigt Barrieren ▸ verfolgt die Problemlösung und fordert Ergebnisse ein ▸ beurteilt regelmäßig die Güte der Problemlösungsarbeit ▸ schließt 8Ds ab
8D-Teamleiter *Leiter des Problemlösungsteams*	▸ leitet das 8D-Problemlösungsteam ▸ sorgt für das konsequente Vorgehen nach 8D ▸ wendet Methoden und Werkzeuge gemeinsam mit dem Team an ▸ verfolgt die Maßnahmen
8D-Teammitglieder *Mitarbeiter im Problemlösungsteam*	▸ arbeiten als Fachexperten in 8D-Teams mit ▸ setzen die vereinbarten Maßnahmen um
Prozesseigner des Problemlösungsprozesses *(z. B. Prozess „Kundenreklamationen abwickeln")*	▸ überwacht die Leistungsfähigkeit des Problemlösungsprozesses und entwickelt ihn kontinuierlich weiter

Prozessbeschreibungen zu 8D

Der Problemlösungsprozess stellt einen Schlüsselprozess in den Unternehmen dar. Er ist repetitiv und soll auf hohem Niveau standardisiert ablaufen. Daher ist es zweckmäßig, das Vorgehen nach 8D mithilfe von Prozessbeschreibungen zu standardisieren. Diese Prozessbeschreibungen definieren die mit dem Problemlösungsprozess in Zusammenhang stehenden Zielsetzungen, Arbeitsformen und Zuständigkeiten sowie die zu verwendenden Werkzeuge und damit den vereinbarten Standard, wie aufgetretene Probleme im Unternehmen nachhaltig beseitigt werden.

Problemlösungsprozesse, für die Prozessbeschreibungen erstellt werden sollten, sind beispielsweise:

- Prozess *Kundenreklamationen abwickeln*
- Prozess *Lieferantenreklamationen abwickeln*
- Prozess *Interne Reklamationen abwickeln*

Zunächst sind die Prozesseigner für die ausgewählten Prozesse festzulegen. Diese sind für die Leistungsfähigkeit und Qualität der Prozesse verantwortlich. In den Prozessbeschreibungen ist festzulegen, welche Probleme grundsätzlich einer Abarbeitung nach 8D zugeführt werden. Weiterhin ist darzustellen, wer bzw. welches Gremium (z. B. Q-Kreis) im Zweifelsfall darüber entscheidet. Zudem sind durchgängig die entsprechenden Rollen mit ihren Aufgaben, Zuständigkeiten und Verantwortlichkeiten festzulegen. Ebenso sind die Fachbereiche zu definieren, die an der Problemlösungsarbeit beteiligt sind. Beispielsweise moderieren Qualitätsfachstellen häufig Problemlösungsworkshops und unterstützen bei der Anwendung qualitätstechnischer Werkzeuge und Methoden.

In der Prozessbeschreibung ist auch die generelle Form der Kommunikation festzulegen, sowohl innerhalb des Problemlösungsteams als auch mit dem Kunden. Ebenso sollte auch der Eskalationsprozess definiert werden, der zum Tragen kommt, falls es z. B. zu unakzeptablen Verzögerungen in der Problemlösungsarbeit kommt.

Bild 33 und Bild 34 zeigen beispielhaft Ablauf und Zuständigkeiten für den Prozess *Kundenreklamationen abwickeln.*

8D-Problemlösungsblatt bzw. 8D-Datenbank

Will man den Problemlösungsprozess nach 8D in einem Unternehmen verankern, ist ein Werkzeug, das strukturiert durch den Problemlösungsprozess führt, ein absolutes *Muss!* Das Werkzeug kann ein 8D-Problemlösungsblatt oder eine Datenbank sein.

Auf Seite 15 in diesem Buch ist der Zweck des 8D-Problemlösungsblatts bereits beschrieben. Im Wesentlichen führt es strukturiert durch den Problemlösungsprozess und dient gleichzeitig der Dokumentation von Problembeschreibung, Ursachenanalyse, Maßnahmen, Zuständigkeiten, Zielterminen, Erledigungsterminen etc. Es ist zur besseren Übersicht bewusst auf die Abbildung der einzelnen Schritte reduziert. Um die Anwender in den Unternehmen bei der Problemlösungsarbeit zu unterstützen, kann eine Ergänzung des Formblatts zweckmäßig sein. Bild 35 zeigt beispielhaft, wie in einem Formblatt in Schritt 4 *Ursachen analysieren* das *Prozessablaufdiagramm*, das *Ursache-Wirkungs-Diagramm* und die Methode *Fünfmal „Warum?“* integriert wurden. Das Formblatt wird so zu einem konkreten Handlungsleitfaden für das Problemlösungsteam.

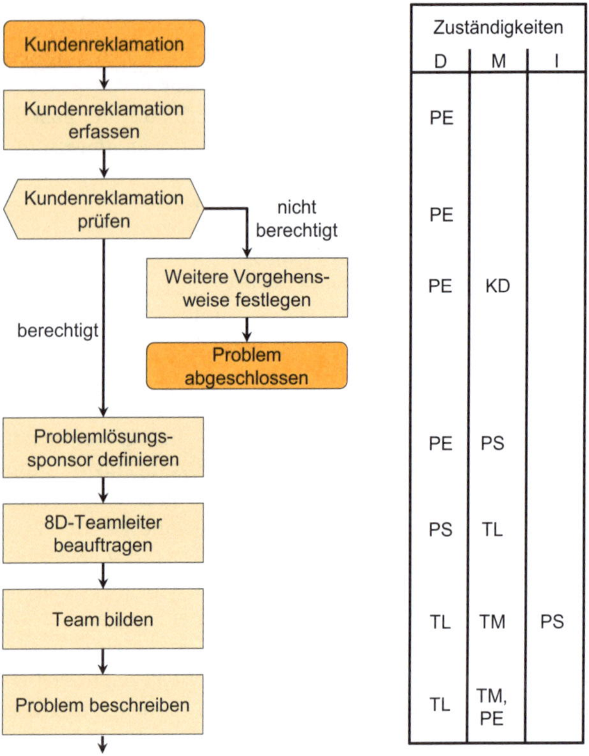

Legende

D … Durchführungsverantwortung
M … Mitarbeit
I … Information

PE … Problemerfasser
PS … Problemlösungssponsor
TL … 8D-Teamleiter
TM … 8D-Teammitglied
KD … Kunde

Bild 33: Ablauf und Zuständigkeiten für den Prozess *Kundenreklamationen abwickeln*, Teil 1

	Zuständigkeiten D	M	I
Sofortmaßnahmen treffen	TL	TM	PS, KD
Ursachen analysieren	TL	TM	PS
Korrekturmaßnahmen festlegen (inkl. Wirksamkeitsprüfung)	TL	TM	PS, KD
Korrekturmaßnahmen organisatorisch verankern	TL	TM	PS, KD
Vorbeugungsmaßnahmen treffen	TL	TM	PS, KD
Problemlösungsprozess abschließen	PS	TL, TM	KD
Problem abgeschlossen			

Bild 34: Ablauf und Zuständigkeiten für den Prozess *Kundenreklamationen abwickeln*, Teil 2

Hat man regelmäßig unter Einbindung unterschiedlicher Teams Probleme zu lösen, dann sollte eine 8D-Datenbank zur Unterstützung des Problemlösungsprozesses zur Verfügung stehen. Dabei ist es wesentlich, dass zugeordnet zu den Schritten weitere Unterlagen, wie z. B. Fotos von fehlerhaften Bauteilen, Berichte zu Sortierprüfungen, Fotos von am Flipchart erstellten Ursachen-Wirkungs-Analysen etc., einfach eingebunden werden können.

Der Vorteil solcher Datenbanken gegenüber Excel-Lösungen besteht vor allem darin, dass mehrere Benutzer bzw. Teams gleichzeitig und unabhängig voneinander an Problemlösungen arbeiten können. Zudem lassen sich offene Probleme und Maßnahmen leichter verfolgen. Kennzahlen zur Beurteilung der Problemlösungsarbeit lassen sich ermitteln und Ansatzpunkte für Verbesserungen können identifiziert werden. Bild 36 zeigt beispielhaft die Eingabemaske einer solchen Datenbank.

Problemlösungsarbeit beurteilen

Im Rahmen der organisatorischen Verankerung ist es zentral, zweckmäßige Ziele und Kennzahlen zur Beurteilung der Güte der Problemlösungsarbeit festzulegen. Beispiele dafür sind

- Anzahl der Reklamationen
- Anteil Wiederholreklamationen
- Anzahl der 8Ds je Reklamationsart (Kunden- oder Lieferantenreklamationen, interne Reklamationen etc.)
- Anteil der 8Ds mit wirksamen Vorbeugungsmaßnahmen (Konstruktionsrichtlinie, Audit-Checkliste, Prozess-/Wartungsstandard etc. sind aktualisiert)
- durchschnittliche Dauer, bis Schritt 3 *Sofortmaßnahmen treffen* abgeschlossen ist
- durchschnittliche Dauer, bis Schritt 5 *Korrekturmaßnahmen festlegen* abgeschlossen ist
- durchschnittliche Dauer, bis Schritt 8 *Problemlösungsprozess abschließen* abgeschlossen ist

Darüber hinaus sollte die Problemlösungsarbeit durch den Prozesseigner in regelmäßigen Abständen in Form von Audits bzw. 8D-Reviews beurteilt werden.

Schritt 4: Ursachen analysieren

Prozessdarstellung:

Gehäuse gießen → Gehäuse waschen → Gehäuse bearbeiten 1. Aufspannung → Gehäuse bearbeiten 2. Aufspannung → Gehäuse waschen und konservieren

Herstellung und Prüfung von 42 ± 0,3

Ursache - Wirkungs - Diagramm:

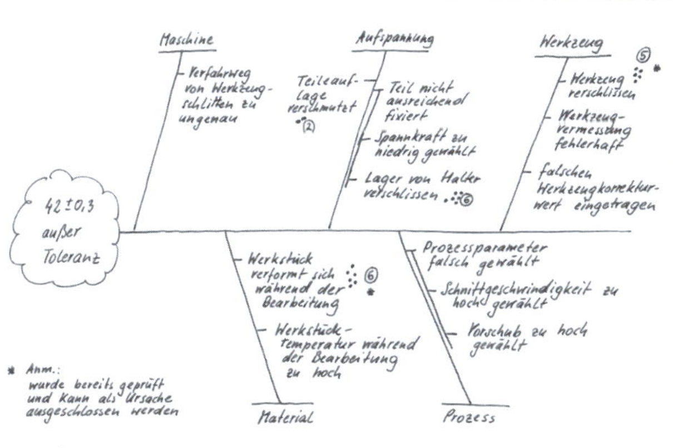

	Fünfmal „Warum" für das Auftreten *Warum ist der Fehler aufgetreten?*		Fünfmal „Warum" für das Entdecken *Warum wurde der Fehler nicht entdeckt?*
Warum?	*Teil wurde nicht ausreichend fest in der Spannvorrichtung fixiert.*	Warum?	*Das Merkmal wurde nur im Zuge der Erstteilprüfung und dann nicht mehr gemessen.*
Warum?	*Das Lager vom Haltebügel war verschlissen.*	Warum?	*Regelmäßige Messungen sind im Prüfplan nicht vorgesehen.*
Warum?	*Das Lager wurde nicht gewartet.*	Warum?	
Warum?	*Die Wartung des Lagers ist in der Wartungsanweisung nicht vorgesehen.*	Warum?	
Warum?		Warum?	
Warum?		Warum?	
Warum?		Warum?	
Kernursache	*Die Wartung des Lagers ist in der Wartungsanweisung nicht vorgesehen.*	Kernursache	*Regelmäßige Messungen sind im Prüfplan nicht vorgesehen.*

Bild 35: Beispiel: Auszug aus einem adaptierten 8D-Problemlösungsblatt

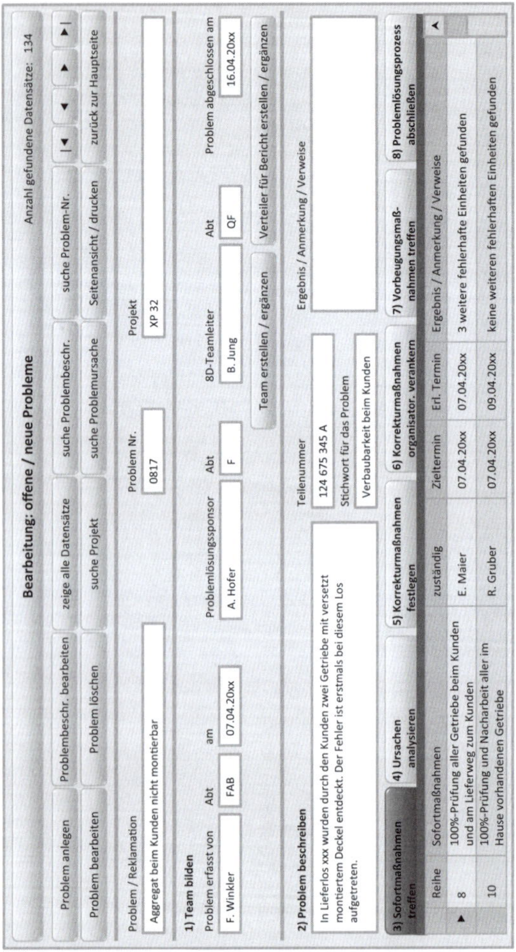

Bild 36: Beispiel für die Eingabemaske einer 8D-Datenbank

4.2 Entwicklung der Problemlösungskompetenz

Fehler dürfen gemacht werden

Wo gearbeitet wird, können Fehler passieren. Das liegt in der Natur der Sache und ist auch nicht das Problem. Es dürfen Fehler gemacht werden! Das wiederholte Auftreten von gleichen und ähnlichen Fehlern ist aber nicht akzeptabel. Führungskräfte müssen daher dafür Sorge tragen, dass die rasche und nachhaltige Beseitigung aufgetretener Fehler für alle Mitarbeiter zur Selbstverständlichkeit wird. Sie müssen die systematische Problemlösungsarbeit aktiv fördern. Gelegentliche Aufrufe, vor allem in Zusammenhang mit schwerwiegenden Reklamationen, schaffen keine fundierte und nachhaltige Grundlage für die zu leistende Problemlösungsarbeit.

Die wichtige Rolle der Führungskräfte

Bei der Implementierung von 8D sind die Führungskräfte daher mit ihrer Rolle im Rahmen der Herausforderung *Verbesserung der Problemlösungskultur* und den in diesem Zusammenhang an sie gestellten Erwartungen vertraut zu machen. Sie müssen die nachhaltige Beseitigung von Fehlern als ein wesentliches Thema zur Produktivitätssteigerung erkennen und ihr Führungsverhalten entsprechend ausrichten. Den Führungskräften ist aufzuzeigen, wie sie die Problemlösungsarbeit verbessern können. Da bei 8D die Problemlösungen im Team erarbeitet werden, sind Coaching und die Anleitung zur Teamarbeit wichtige Themen.

Qualifizierungsschwerpunkte

Neben der Förderung der Führungskompetenz sind Moderations-, Kreativitäts- und Analysetechniken wesentliche Schwerpunkte des Qualifizierungsprogramms (siehe Kapitel 3 *Werkzeuge im Problemlösungsprozess*). Vor allem an die Teamleiter werden in diesem Zusammenhang große Anforderungen gestellt. In jedem Fall ist die Aus- und Weiterbildung so zu gestalten, dass sie zur Anwendung des gelernten Wissens motiviert. Die Schulungen dürfen nicht aus einer zu theorielastigen Wissensvermittlung bestehen. Die Techniken müssen an konkreten Aufgabenstellungen eingeübt werden. Die Erfahrung hat gezeigt, dass Mitarbeiter und Führungskräfte dann besonders von einer Schulung profitieren, wenn es gelingt, die Schulungsinhalte mit der eigenen Arbeit bereits im Rahmen der Qualifizierungsinitiative zu verknüpfen.

4.3 Zusammenspiel 8D und FMEA

FMEA: mögliche Fehler vermeiden

In vielen Branchen gehört die FMEA (siehe dazu auch Seite 55) zum Standardwerkzeug in der Produkt- und Prozessentwicklung. Dabei geht es darum, mögliche Fehler in der Produkt- oder Prozessauslegung, die bei der späteren Anwendung oder im Produktionsprozess zu Problemen führen könnten, bereits im Vorfeld zu vermeiden.

8D: aufgetretene Fehler korrigieren

Passiert es trotz aller Bemühungen zur Fehlervermeidung mithilfe der FMEA, dass fehlerhafte Produkte produziert werden, ist 8D am Zug. Mit entsprechenden Sofortmaßnahmen wird sichergestellt, dass der interne oder externe Kunde mit dem Problem nicht mehr konfrontiert ist. Über die weiteren Schritte werden die Kernursachen, die zu dem Problem geführt haben, identifiziert und nachhaltig beseitigt.

Nahtstelle 8D zu FMEA: Vorbeugung

Wenn die erkannten Kernursachen für die Entwicklung neuer Produkte bzw. Prozesse relevant sind, gilt es, die gewonnenen Erkenntnisse der Produkt- bzw. Prozessentwicklung in geeigneter Form zur Verfügung zu stellen, um zu verhindern, dass bei Neuentwicklungen erkannte Fehler wiederholt werden. Für Unternehmen, die die FMEA als ein Werkzeug zur Optimierung von Produkten und Prozessen zum Einsatz bringen, ist es daher sinnvoll, im Zuge des Problemlösungsprozesses (konkret in Schritt 7: *Vorbeugungsmaßnahmen treffen*) Ursachen und erfolgreiche Korrekturmaßnahmen in einen geeigneten FMEA-Wissensspeicher einzuarbeiten. Zeitgemäße FMEA-Softwareprodukte ermöglichen es, das gespeicherte Wissen in Form von z. B. themenbezogenen Ursache-Wirkungs-Diagrammen (Produkt-FMEA: z. B. Dichtheit, Kraftübertragung, Geräusch; Prozess-FMEA: z. B. Schweißen, Stanzen, Montieren) darzustellen. Sie geben strukturiert und in einer benutzerfreundlichen Form über Fehler, Fehlerursachen und erfolgreiche Korrekturmaßnahmen Auskunft und dienen in der Folge Produkt- bzw. Prozessentwicklern als Checklisten im Rahmen ihrer Entwicklungsarbeit sowie als Inputgeber bei FMEA-Workshops.

4.4 Zusammenspiel 8D und Six Sigma

8D und Six Sigma haben viele Gemeinsamkeiten. Der Kern beider Vorgehensweisen ist der PDCA-Zyklus von W. E. Deming (siehe auch Seite 8). Bei beiden Modellen handelt es sich um einen strukturierten Ansatz zur nachhaltigen Optimierung von Prozessen und Produkten und in beiden Fällen kommen die gleichen Werkzeuge zur Anwendung.

Unterschied im Anwendungsbereich

Ein wesentlicher Unterschied liegt im Anwendungsbereich. 8D kommt bei Problemen zur Anwendung, die neben der nachhaltigen Problembeseitigung auch Sofortmaßnahmen erfordern. Diese kommen in Situationen zum Tragen, in denen die Auswirkungen eines Problems ein rasches Handeln erfordern, damit der Kunde mit dem Problem nicht mehr konfrontiert ist. Dies erfolgt bei 8D im spezifischen Schritt *Sofortmaßnahmen treffen*. Erst danach erfolgen die Ursachenanalyse und die Durchführung von Korrektur- und Vorbeugungsmaßnahmen, um das Problem nachhaltig zu beseitigen. Eingesetzt wird 8D am häufigsten zur Abarbeitung von Kundenreklamationen. Die Anwendung erfolgt also reaktiv!

Bei Six Sigma handelt es sich hingegen um gezielt beauftragte Verbesserungsprojekte. Projektwürdige Verbesserungspotenziale werden unter der Maßgabe von Aufwand/Nutzen und zur Verfügung stehender Ressourcen umgesetzt, um konkrete Kosteneinsparungen zu realisieren. Die Verbesserungsvorhaben werden in der Phase *Define (D)* definiert. Nach einer Erfassung des bestehenden Zustandes in der Phase *Measure (M)* werden in der Phase *Analyze (A)* die relevanten Ursachen für die Probleme ermittelt. In der Phase *Improve (I)* wird das Produkt oder der Prozess durch geeignete Maßnahmen verbessert. In der Phase *Control (C)* wird diese Verbesserung nachhaltig abgesichert. Das heißt, die Anwendung folgt einer Arbeits- und Führungsphilosophie, deren Leitidee das Streben nach ständiger Verbesserung ist.

Unterschiede im Vorgehensmodell

Schritt: *Sofortmaßnahmen treffen*

Sofortmaßnahmen sind im Six Sigma-Phasenmodell *DMAIC* (Define/Measure/Analyze/Improve/Control) nicht vorgesehen und auch nicht notwendig, da es sich bei der Anwendung um keine Notfälle handelt.

Schritt: *Vorbeugungsmaßnahmen treffen*

8D fordert im Schritt 7 *Vorbeugungsmaßnahmen treffen* ein gezieltes Nachdenken über die im Rahmen des Problemlösungsprozesses gewonnenen Erkenntnisse, um diese sowohl für andere bestehende als auch für zukünftige Produkte bzw. Prozesse verfügbar zu machen. Die hinter diesem Schritt stehende Philosophie lautet, aus gemachten Fehlern zu lernen. Auch Six Sigma fordert, dass man im Rahmen des in der Phase *Control* durchzuführenden Projektabschlusses über *Lessons Learned* nachdenkt (siehe z. B. *Wappis, J.; Jung, B.:* Null-Fehler-Management). Dies wird aber über die Roadmap nicht so explizit eingefordert und setzt bereits eine gewisse Projektmanagementkultur und Projektmanagementstandardisierung im Unternehmen voraus.

5 Danksagung

Das vorliegende Buch ist das Ergebnis einer langjährigen Beschäftigung mit dem Thema Problemlösung in zahlreichen Unternehmen und der damit einhergehenden laufenden Weiterentwicklung der eingesetzten Modelle, Vorgehensweisen und Werkzeuge.

An dieser Stelle ist es eine angenehme Aufgabe, all jenen zu danken, die uns dabei begleitet sowie bei der Erstellung dieses Buches unterstützt haben. Unser herzlicher Dank ergeht an unsere Kollegen und Freunde von Jung + Partner Management, allen voran Frau Ing. Klaudia Priestersberger, MSc, Dipl.-Ing. (FH) Gernot Schieg, MSc, und Dipl.-Ing. Vladan Stevanovic. Besonderer Dank gilt auch Herrn Dipl.-Ing. Christian Edler von StEP-Up sowie den Herren Dipl.-Ing. Wolfgang Ekam, Ing. Gunther Piller und Dipl.-Ing. Gunther Spork von Magna Powertrain für ihre zahlreichen Diskussionsbeiträge. Ein herzliches Dankeschön richten wir auch an unsere Kollegen an den befreundeten Hochschulen und unsere zahlreichen Partner in der Industrie.

Für die vielen Anregungen und Tipps sowie die Möglichkeit, dieses Buch zu realisieren, bedanken wir uns beim Herausgeber der Pocket-Power-Reihe, Herrn Prof. Dr.-Ing. Gerd F. Kamiske. Nicht zuletzt gilt unser Dank auch dem Carl Hanser Verlag, vertreten durch Frau Lisa Hoffmann-Bäuml, für die gute Zusammenarbeit.

Literatur

Automotive Industry Action Group & VDA – Verband der Automobilindustrie e.V.: Fehler-Möglichkeits- und -Einfluss-Analyse; FMEA-Handbuch, 2019

Berndt, C.; Bingel, C.; Bittner, B.: Tools im Problemlösungsprozess: Leitfaden und Toolbox für Moderatoren, 2. Auflage, managerSeminare, Bonn 2009

Bhote, K. R.: Qualität – der Weg zur Weltspitze, 1. Auflage, IQM Institut für Qualitätsmanagement, Großbottwar 1990

Bläsing, J. P. (Hrsg.): Workbook Poka Yoke, TQU Verlag, Ulm 2009

Dietrich, E.; Schulze, A.: Statistische Verfahren zur Maschinen- und Prozessqualifikation, 7. Auflage, Carl Hanser Verlag, München 2014

Hirano, H.: Poka-yoke – 240 Tips für Null-Fehler-Programme, verlag moderne industrie, Landsberg am Lech 1992

Kamiske, G. F.; Brauer, J.-B.: Qualitätsmanagement von A bis Z. Erläuterungen moderner Begriffe des Qualitätsmanagements, 6. Auflage, Carl Hanser Verlag, München 2008

Kamiske, G. F. (Hrsg.): Qualitätstechniken für Ingenieure, Symposion, Kissing 2009

Kleppmann, W.: Versuchsplanung, Carl Hanser Verlag, München 2016

Matyas, K.: Instandhaltungslogistik, Qualität und Produktivität steigern, 7. Auflage, Carl Hanser Verlag, München 2018

Ohno, T.: Das Toyota-Produktionssystem, 1. Auflage, Campus Verlag, Frankfurt am Main 2005

Quentin, H.: Versuchsmethoden im Qualitäts-Engineering, 1. Auflage, Vieweg Verlag, Wiesbaden 1994

Shingo, S.: Poka Yoke – Prinzip und Technik für eine Null-Fehler-Produktion, gfmt – Gesellschaft für Management und Technologie, St. Gallen 1991

VDA – Verband der Automobilindustrie e. V.: Band 4: Sicherung der Qualität in der Prozesslandschaft, Berlin 2010

Wappis, J.; Jung, B.: Null-Fehler-Management, Umsetzung von Six Sigma, Carl Hanser Verlag, München 2019

EN ISO 9000: Qualitätsmanagementsysteme – Grundlagen und Begriffe.